360° Industrial Design

Fundamentals of Analytic Product Design

工业设计360°完全解读

[德] 阿尔曼 · 埃马米（Arman Emami）/著
李 爽 武婷慧/译

中文版推荐序

这是一本简明扼要但又有深度的介绍工业设计（产品设计）的书。作者阿尔曼·埃马米是一位资深而有独到见解的设计师，正像他自己所说，他不希望把工业设计解读得故作高深、云山雾罩，而是力求简明，作者在本书中用尽可能少的文字，与丰富的设计案例（图片）相结合，做到了360°极简阐述产品设计的效果。如果有人问我，想了解产品设计，看什么书好，《工业设计360°完全解读》一定是最应该看的书之一。

这本书与其他泛泛而谈的工业设计类图书完全不同，在简明之中透着睿智，没有深刻的理解和体会，是很难做到的。如果你问一位设计师："你为什么这样设计？"他一般都会这样笼统回答："我觉得应该是这样。"这本书让人印象深刻的是，作者对设计背后蕴含的感性知识，进行了富有逻辑和理性的分析，让人拍案叫绝：原来设计可以这样来探究。

以设计美学为例，设计师都希望设计出美的产品。一般情况下，设计美学有节奏、对称、韵律、协调等基本的原则，设计师也知道，只有符合黄金分割线，才能让设计看起来更美观协调。作者在书中告诉大家，这些原则的背后，是大脑的识别和认知机制在起作用，人的大脑会下意识地按照这些原则去持续解读，符合以上原则，大脑就会放松，产生愉悦感，否则就会警觉，产生疲惫感（也可以利用这些反向原理做一些相应的设计）。更难能可贵的是，作者把这些原理进一步逻辑化，甚至数学化。作者在一个遥控器设计案例中，用"网格布局"理论分析了屏幕和操作按键等元素是如何根据无形的网格布局（方形网格、三角形网格、径向光栅、阿基米德螺旋线）进行调整的，令人印象深刻。

作者还用线性斜率、曲率等简单的数学知识来分析设计造型美（平面和三维）背后蕴藏的认知知识。我们的大脑偏好重建易于重建的图形，稳定一致的曲率更容易减轻认知负担，如果曲率符合一定的规律，那么图形看起来会更和谐，让人产生愉悦感，更容易被人接受。作者给出了设计案例图，以便进行验证，这些图形让人看后恍然大悟：和谐美的背后其实是有逻辑在支撑的！同样，我们会进一步思考：如果用蕴含设计审美逻辑的参数手段来进行建模或者构图，我们是不是可以构建出优美的设计方案？实际上，当前火热的智能设计，往往需要进行设计审美判断，背后的知识可能跟作者的解读一致。

好的设计是需要考虑更多方面的，作者因此还详细解读了设计和工程制造、材料等领域的密切联系。作者这些解读不是简单的宏观思考，而是可以进行量化计算的。书中以晾衣架的设计为例。晾衣架要设计成什么样的造型，才能既承受足够的重量，又节省材料？这两个要求，自然会对设计造型的美观产生影响。经过一步步的计算和推演，作者最终呈现出来的晾衣架既足够节省材料、符合受力承重的要求，又有简洁流畅的造型之美。这些经验知识如果都能系统化、理论化，将对设计教育产生重要的影响。设计教育不仅应训练设计审美的感觉，还应训练设计的逻辑，这样设计才会更加科学。

另外，本书的文字虽然简洁，但表达力却异常强大，很难想象这是一位设计师写出来的文字。本书的翻译水平也很高，里面有很多“金句”，读起来琅琅上口而又意味深长。如：“美学是形式语言中的诗歌”“空间是金，有时候我们就得毫厘必争”等。

全书共有六章，每一章都必不可少，都写得非常精彩。作者对可持续设计，对设计和营销等都有独到而精辟的阐述。更为关键的是，这本书读起来非常轻松，且让人收获颇丰，与很多长篇累牍的著作形成鲜明对比。这也与设计的主旨相一致：简单就是美。

浙江大学工业设计系教授、系主任
浙江大学现代工业设计研究所副所长　　柴春雷

前言

我们生活在一个瞬息万变的世界，每一秒都比上一秒更加复杂。这些日新月异的变化给工业设计带来了哪些挑战呢?

形状、功能、触感、外观有多重要？设计的成功是靠销量或奖项来衡量的吗？设计师应该是什么样的？是富于创造力的发明家，是崇尚实用主义的技师，甚或是艺术家？只有创造出新事物才作数吗，还是说既定形式的新组合也有其价值所在？未来的趋势在哪？什么才是有意义的?

有一件事是可以确定的：日趋枯竭的自然资源和竞争日益激烈的全球市场，正迫使大多数的设计师反思其设计过程。单纯为装饰而装饰的设计已经过时，华而不实的产品不再受欢迎，光漂亮已远远不够！那些专攻可持续产品的设计师们，现在不得不站在更高的角度考虑问题，即将设计升格为一种多学科工作。

我有意将这本书撰写得简单明了，毕竟外头滥用专业术语、故作高深、模棱两可的书已经够多了。我将向你们展示，我作为一个工业设计师，在实际工作中所收获的经验。另外，我尝试结合不同领域的逻辑和相关理论，力图360° 完全解读工业设计。但最重要的是，这本书绝不以完美自居，“在不完美中前进好过为了追求完美而犹豫不前”。

阿尔曼·埃马米

2014年6月于柏林

目录

第一章

灵感

最好的灵感来源于日常生活中经历的问题。

有些人只能看到已有的事物，然后问为什么会这样；
我梦想那些从来没有的事物，然后问为什么不那样。

——［美］约翰·F. 肯尼迪

万事始于灵感

优秀的工业设计往往来源于好的灵感。这听起来似乎很简单，其实恰恰相反。赶上好时候，灵感会凭空冒出，但在大部分时间里，它是缥缈且难以捉摸的，“缪斯女神”须用心追求方会降临。一个人越是知晓灵感产生的机制，就越容易引灵感“出洞”。

灵感的来源

灵感无处不在。公交车里，上班路上，餐厅吃早饭，或者浴室洗澡，不管你在哪儿，你总能找到它们的身影。你只须清楚要找的是什么，如何识别这些征兆。一种简单的方法是，不要再忽视日常生活中遇到的问题，去观察并拥抱它们。然后，你就可以开始搜寻明智且实际的解决方案了。如果你足够幸运，这个过程会依直觉自然而然地展开。对创造性设计及其推进过程来说，直觉是不可或缺的一环，它产生于潜意识及对事物的认知和理解，你必须遵循并践行这种冲动。

但如果直觉派不上用场，又当如何？一种方法是对解决方案进行系统化的研究。没有一把能打开所有的门的万能钥匙，但系统化的思考是一个起点。

抽象化

着眼于核心要素

第一步是认识核心要素。这个过程就像剥一个洋葱，一层一层剥下的表皮越多，设计者就越接近事物的中心部分。当灵感完全裸露在外，设计者便得以不受干扰地、更清晰地见识到设计的本质。

分析性思维

认知有助于事物的重塑

系统性地分析事实与环境是非常重要的。哪些部分能顺利运作？哪些因素可能扰乱一次平稳的运行？哪些地方需要改进，又怎么改？这好比寻求趁手的工具以便在大海里捞针。

仿生学

如何将发现变为发明

数千年的演变证明，大自然对许多问题都自有应对，你只须留意即可。仿生学就是一种搜索应用的工具，它将大自然中现成的进化结晶，转换成现代的技术解决方案。进化提供了非一般的视角和最好的智慧系统，最终总能胜过那些低效的解决方案。当然，这并不意味着我们应该停止自主性的创造。

自然产物和人造产品间存在两个基本区别。其中一个本质区别就在于自然造物所采用的原料大多来自活的有机体。此外，许多自然产物都只能在活着的时候发挥功用。比如霸王龙，一种威风凛凛的动物，如今已在灭绝物种之列。现存的恐龙都只是根据化石碎片拼凑还原的塑料制品，或仅限漫步于电影之中。因此，生物系统存在天然的局限性，例如，有机系统的各个组成部分必须相互联结才能保证能量和养分的吸收。另一处局限在于，有机化合物不耐高温。由此，就我们目前所知，天空中并不存在喷气式推进的老鹰。通过运用无机材料，工程师们能够创造出自然界中没有且不可能存在的事物。

毛虫机器人（Robo Worm）

这种机器人仿照了毛虫的移动方式。通过在硅胶管中嵌入磁化金属环，机器人得以模仿毛虫环形肌的动作。该种构造赋予了毛虫机器人在管道及隧道等粗糙不平的表面上通行的能力，即使是在链轮或其他传统运输工具会被卡住的情境中，毛虫机器人也可以通过自身的变形弯曲移动。

毛虫机器人两端各有一个“头”，不用翻转便可实现向后移动，这个原理使其在狭窄的管道中也能倒退。毛虫机器人配备摄像头及其他传感器，如麦克风，可以深入难以抵达的区域进行录音。这些录音会被立刻传送至某个接收站，或是储存在设备中以待稍后提取。

ROBOWORM

你想过吗，为什么大自然没有创造出轮子一类的东西？一个可能的理由是，一个自由转动的轮子无法和其他部位产生固定的联结。也因此，在活的有机体中，旋转部位不可能得到血液和能量的补给。多亏人类的创造性思维，我们才得以制造出像钢铁或塑料这样的“死物”，并利用它们制造引擎、轴和车轮，在公路上高速行驶，轻而易举达到250公里的时速。人类或许不像自然能为生命形式提供更多有趣的可能，但我们另有他法。此外，有时人类所面临的问题与自然截然不同，我们无法从自然中找到所有问题的答案，必须自己动手解决！除了依赖于仿生学，我们也必须牢记自己的力量，并努力将其发挥到极致。

超越惯性思维

跳出固有的思维框架

首先，也是最重要的，把我们自己从过时、狭隘的思想中解放出来。在变中求发展，是进步的基础。但我们也要认识到，不是所有的“炒冷饭”都是坏事。设计是一种演化，今日的成果来自经年累月的积累。你当然可以创造出带棱角的新轮子，但老实说，不会有人想要的。不要只为与众不同就不择手段！我们应致力于让事物朝好的方向演变。但遗憾的是，现在许多产品都无视了已有的成熟概念，为了促进销售，生造出一套套新概念。此外，品牌效应也在一定程度上掩盖了进取的缺失。还记得安徒生童话《皇帝的新衣》吗？裁缝们假装看到“只有聪明人才能见到”的新衣。故事的最后，皇帝裸身游行，因为“新衣”已成为一场空前成功的营销活动，人人都想成为那个“聪明人”。这就好比设计与产品失去了内在的联系，空沦为营销的工具。所以，原则上来说，设计并没有那么难——保留精华，放开思路即可。

设计构思vs解决方案

不是每个灵感都是优秀的设计构思。设计师与发明家之间存在明显的区别。设计师可视为发明家的一种，反之则不然。1886年1月29日，卡尔·本茨（Karl Benz）提交了汽油动力汽车的专利申请，尽管他是一位卓越的发明家，但他的这辆三轮汽车也仅仅是比纯骨架好一点，真正的设计构思之后才出现。那么，设计师和发明家之间关键的不同之处在哪儿呢？只有当解决方案兼顾形式与设计，才称得上真正的设计构思。

“设计构思让灵感落地成形。”

即使一些获得过杰出奖项的设计，对这方面也常常不够重视。突然之间，由技术人员和工程师做出的技术革新也被视为了创意设计的一种，而这两者的概念其实根本不搭界。

为什么一台超薄平板电视会在公认的重量级设计大赛中脱颖而出呢？不断追求更薄的电视屏幕固然可以理解，多年来对于LCD、LED技术的钻研也确实使得这种设计成为可能，但设计师从来都不是平板电视重要的催化媒介，他只是负责一个迷人的外观罢了。电视看起来的确漂亮，但产品设计绝不仅仅局限于创造美的东西。当产品的设计本身成为解决方案的重要一环，某些意想不到的新事物也会随之浮现。

TOP
GB 2

USB CLIP

USB CLIP

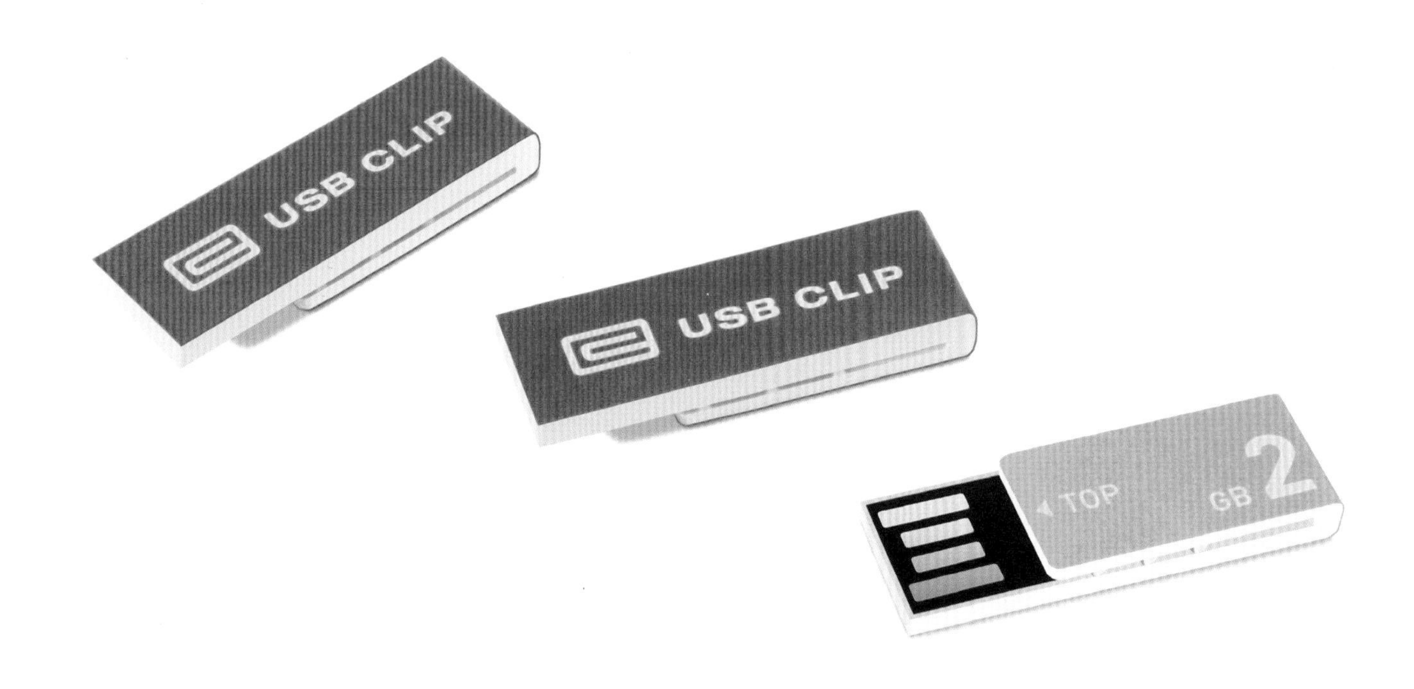

U 盘夹（USB-Clip）

U盘每天都在变得更小。我们依然习惯于将U盘随文件附寄，而随着其体积越来越小，遗失的可能性也成倍增加。因此，U盘夹成了一个不错的选择，它可以夹在名片、信件、传单和宣传册等不同类型的纸质材料上，不管纸张有多厚。三个突起的小薄片形成了良好的附着力。U盘夹还能将其内的数据信息与对应的纸质材料关联起来，从而节省了我们的时间。

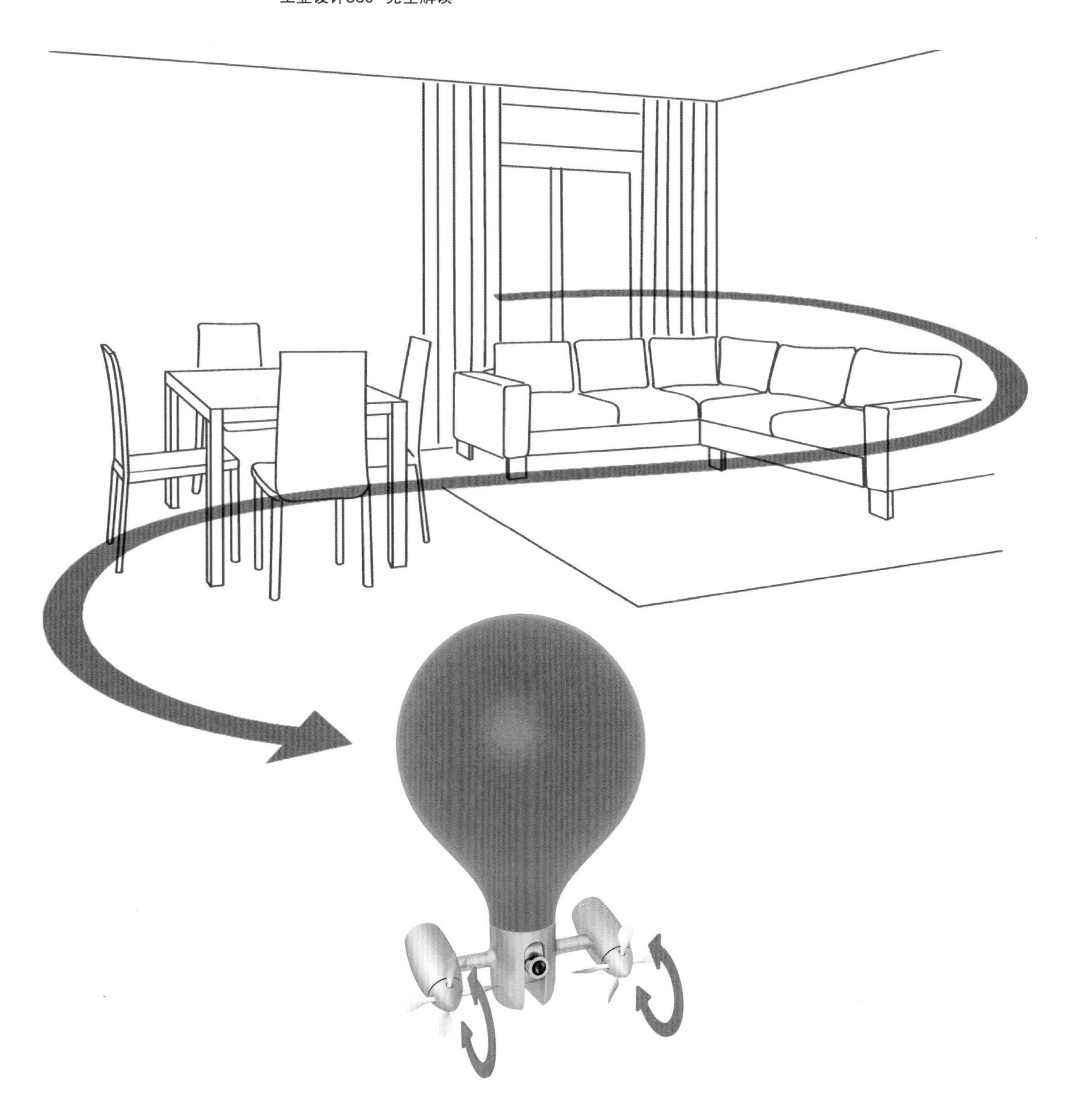

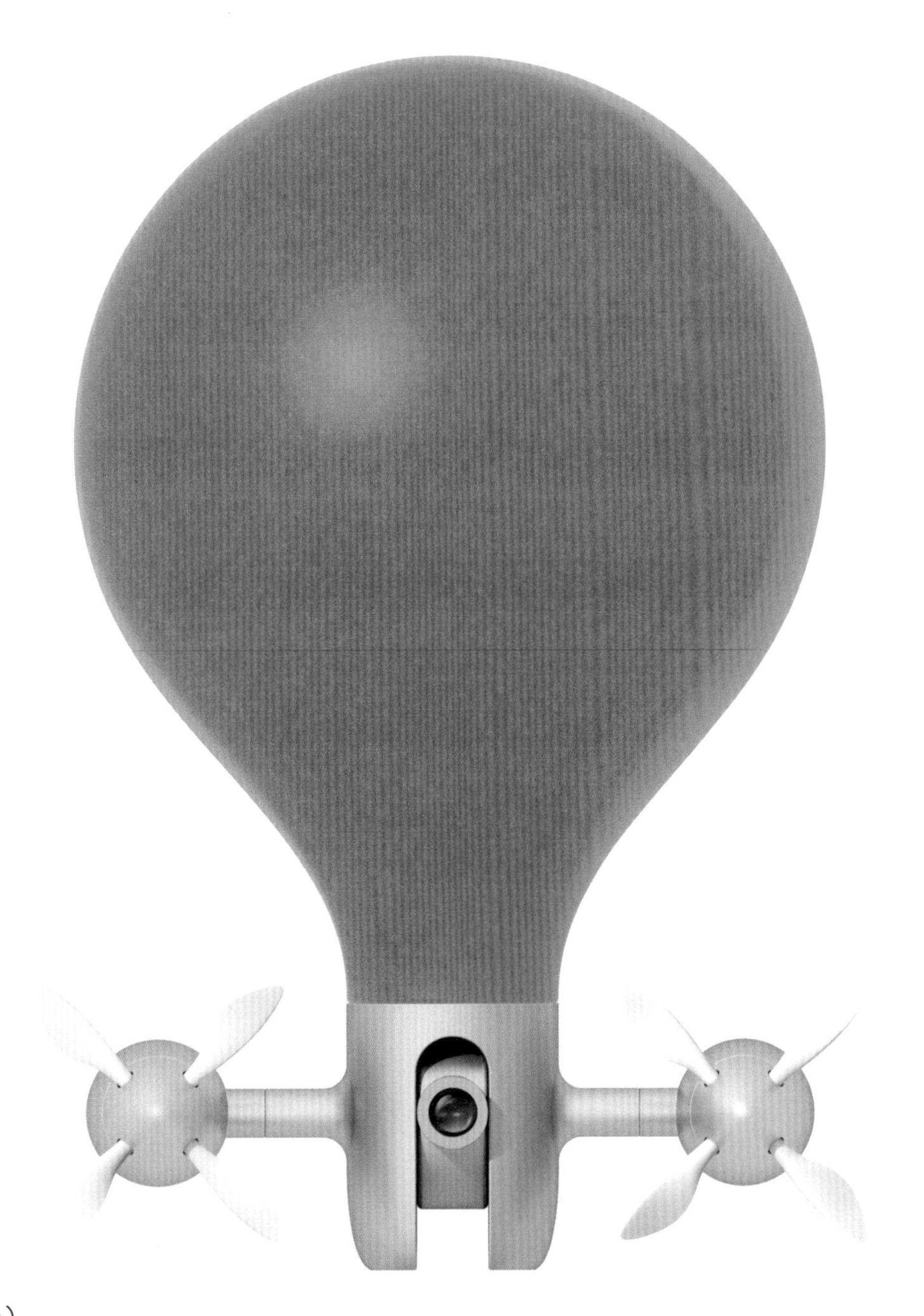

飞艇摄像头（Zipper）

一种用于室内的飞行摄录设备，利用气球飘浮在空中的原理，并配有依靠马达飞行的螺旋推进器。无须耗费太多能量，你便可操控其安静、迅速地在封闭空间里穿行。此外，它具有极佳的机动性。

应用领域：

· 电影制作：摄像机位不受限；

· 安保：监控覆盖难以到达的地区，如电缆沟及河渠；

· 私人用途：网络摄像头、儿童看护、玩具。

第二章

功能性与易用性

每一个设计方案都必须在日常实践中证明自身的价值。

上帝绝不会让山羊尾巴超过它所需的长度。

——德国谚语

要做什么？怎么做？

“做正确的事”和“正确地做事”是不同的。创造性能好且易上手的产品，毫无疑问是工业设计的使命之一；同时，这个新设计应是实用且高效的。

功能性

运转顺利

怎样分辨出用户满意的产品？首先，它必须能够无障碍地运转，如果能做到这一点，那它至少已经是一件有用的产品。这似乎是显而易见的，但实际上能做到这点的产品并没有我们想象中那么多。

这一要点着眼于产品是否真正发挥了作用。在产品设计中，如果一件东西圆满完成了预定的任务，那它就具备了功能性，比如吹风机能把头发吹干，自行车能被骑行，剃须刀能刮掉男人下巴上的胡楂儿。而任务完成的质量高低，则属于易用性的考量。

易用性

好用程度

德国标准 DIN EN ISO 9241-11 着实算不上一个用户友好型定义，但其定义了产品的易用性，体现在产品及软件上，即为有效性、效率和满意度。由于满意度是由效率、有效性及其他一些因素导致的，所以我们完全可以用“实用性”替代“满意度”的标准。这点之后会再谈到，首先让我们快速浏览一下有效性和效率。

有效性

当某事达到期望目标，即可被视为是有效的。比如说，无论花多长时间，只要在伦敦的中心城区找到了停车位，这个找的过程就是有效的。但如果这个搜寻过程持续了数小时、耗费了好几升汽油，那无疑是缺乏效率的。相对于效率来说，有效性只看重结果而不计较过程。要从设计角度去评估有效性，还需要更加深思熟虑。缺乏有效性并不总是设计导致的，就拿剃须刀来说，如果它没能起作用，问题很可能不是出在设计上，而是出在技术和相关结构上。

“设计中，有效性和效率相结合是最理想的。”

效率

效率是人人围之起舞的金牛犊，这并非没有道理，它是付出与结果之间的桥梁。问题是：达到既定目标必不可缺的是什么？过程经济吗？能得到回报吗？对于同一个结果，投入和付出越少，效率越高。

付出包含多个方面。为了达到目标，时间、精力和注意力是必不可少的要素。一个清晰明了的工业设计产品能减少使用所需的时间和注意力，由此提升使用效率。

实用性

什么特质能让手机出彩呢？它得要能放进口袋里，不能太大或太笨重。移动存储设备呢？它得能承受掉落、滑出书包等潜在的损坏危险。前述这些即属于实用性问题的范畴。较之有效性和效率，这条标准更加难以把握，因为对实用性的评判更偏向个人意见，较为主观。

通常来说，实用性即适合日常使用。产品的实用性包括紧凑性、可堆叠性和可运输性等方面，其他加分项还有高可靠性和有用的附加功能。奢华的设计往往会为了设计效果而牺牲实用性。一个太笨重或易碎的精巧产品要如何使用呢？这样的设计是不切实际的。

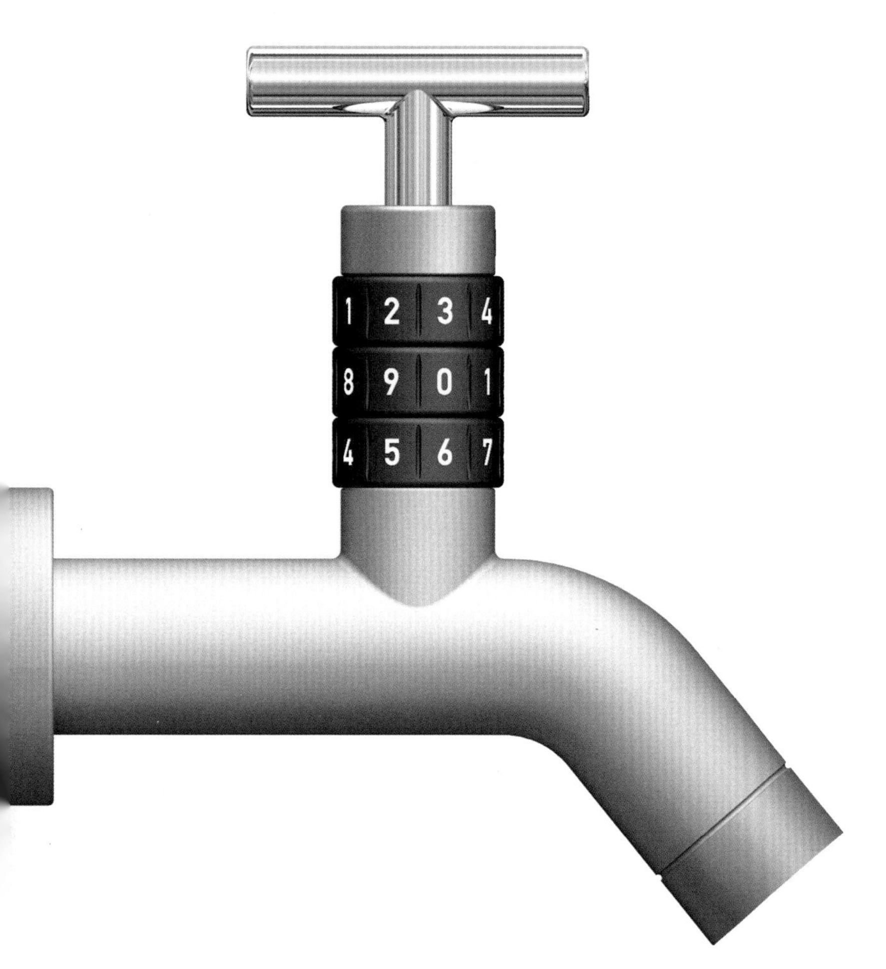

密码锁水龙头（Locko）

安装在花园或开放空间的水龙头容易在未经允许的情况下被他人打开，造成水资源浪费。Locko 水龙头通过加装密码锁系统，提供了一种实用且易实现的户外解决方案。

口腔管家（Steward）

口腔管家是一种多合一口腔护理套装——由牙刷、牙膏、漱口水和牙线组成。牙刷柄用于存放装填有牙膏或漱口水等的胶囊，牙刷头、牙线轴和胶囊可以单独更换及补充。口腔管家的设计避免了锋利的造型或接缝，以防止牙膏残留，也使得口腔套装易于清洁。

将产品融入日常生活

“闭门造车是悲哀的。”

没有产品会存在于一个无物之地。只有在日常生活中，产品才能展现出它的价值：好用，且能真正融入我们的生活。

每件产品都具备社会属性，不管运转得多么完美，它总归要融入周遭的环境。因此，在设计过程中思考“产品在日常生活中会与哪些物品发生联系”将有助于我们观察和分析产品互动。

以U盘为例，它旨在使数据传输变得更容易，并被设计为便于每时每刻随身携带——正如一个钥匙扣，那么为何不将这两者合二为一呢？当U盘被安全地固定在手头的钥匙扣上时，你就不必再费力去寻找。这么一个简单实用的组合便可以节省下使用者的时间和精力。

紧凑性

“空间是金，有时我们就得毫厘必争。”

最紧凑的几何体是球体。从数学角度来看，当表面积相同时，球体体积最大。但这是否意味着每件产品都应该被设计成球形呢？显然不切实际。

产品的形状应依据其功能量身定制；同时，可行性也不能被忽视，对于复杂的产品尤甚，计算好不同部分的体积将对此有所帮助。不同体积的部件可以相互组合，就像一幅复杂的拼图，最终能拼出最紧凑的整体。紧凑性可以成为设计成功的关键，著名的瑞士军刀就是证明，它在极小的空间内融进了多种实用工具，在出口市场大获成功。其中的技巧非常简单，瑞士军刀之所以如此紧凑，是因为它的每个部件都能被折叠收入。同样的原理也能运用到其他产品上，伸缩式结构、弹出机制、折叠设计和其他灵活的系统都能帮助节省空间。想象一下，如果雨伞不能被折叠，伞面将会被设计得比现在小多少啊！

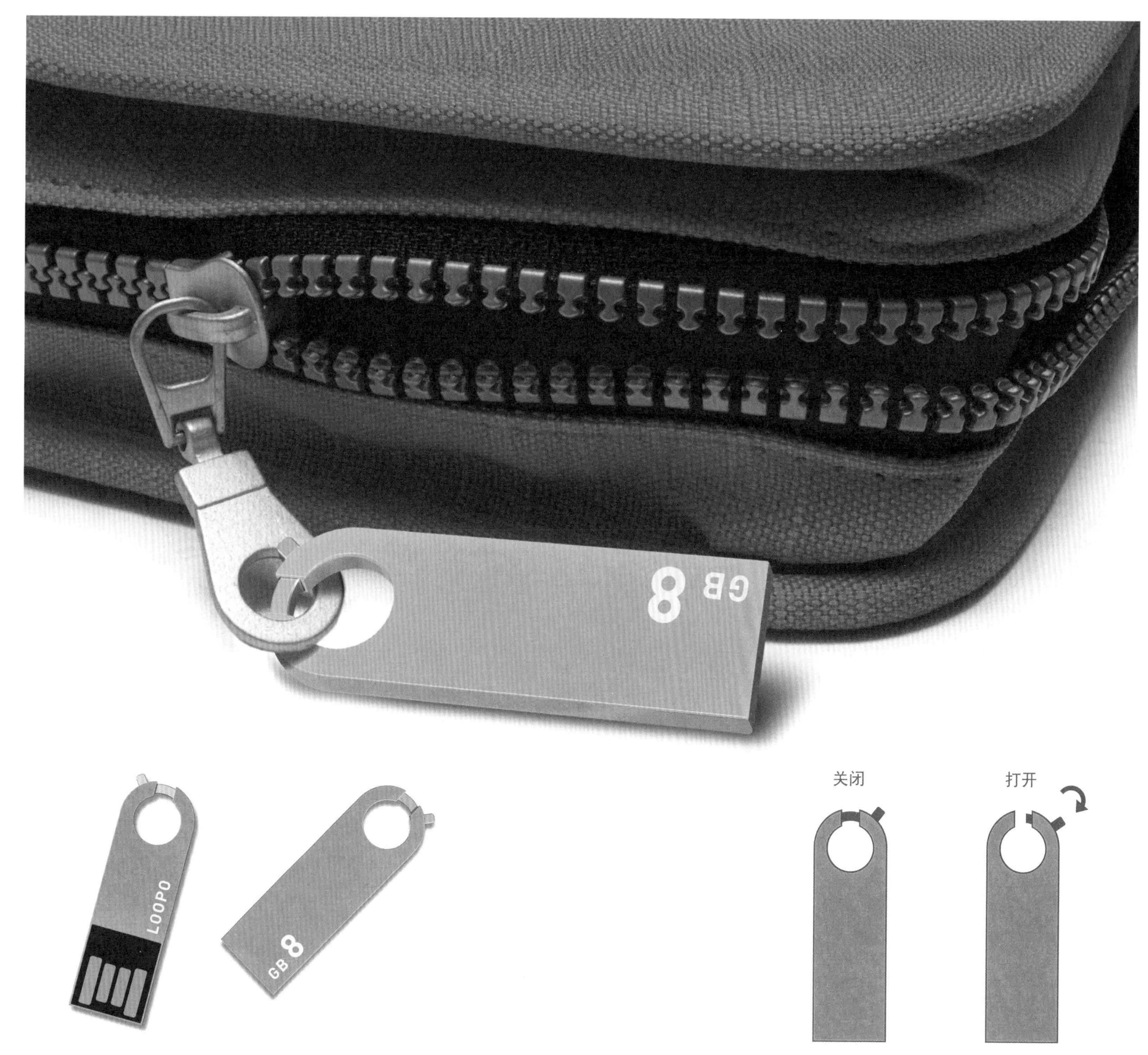

扣环U盘（Loopo）——一种实用的连接方式

U盘的容量在不断扩大，但体积却越来越小，经常会在包里或运输途中丢失。这个问题的解决办法之一是将它与其他物件固定，比如钥匙扣。因此，U盘上经常会配有一根额外的链绳。而Loopo不是这样的，它是一款集扣洞和弹簧扣于一体的U盘，能够更方便地固定在其他物件上。

如果雨伞不可折叠，那我们恐怕会经常遭雨淋了，因为不是每个人都愿意将一把笨重的大伞带在身边。生活中另一个关于紧凑性的例子是椅子，不用时可将其重叠堆放。即使这个设计与椅子的预期用途和日常使用都无关，但便于节省空间，也能有效提高产品的实用性。

功能组合

“不同的功能须相互匹配，共度一生。”

有二合一洗发水、二合一笔记本包、二合一外套以及其他许许多多二合一的东西。近年来，将两种不同的功能集中在同一产品上已成为一种趋势。使用者享受“买一代二”，因为其能节省金钱和空间。另外，功能组合可以降低生产和材料的成本，因为通用部件仅需一份。

但这里还有个陷阱：很少有带剃须功能的手机，或可以变作床的办公椅，或能录音的牙刷。这不奇怪，功能的组合必须合乎情理，且能以某种方式相互兼容。

在将两种功能嵌入一种产品之前，记住这句座右铭：匆匆结婚，时时悔恨。换句话说，永远不要降低对多功能产品的品质要求。与数学不同，在设计里，一加一未必等于二。

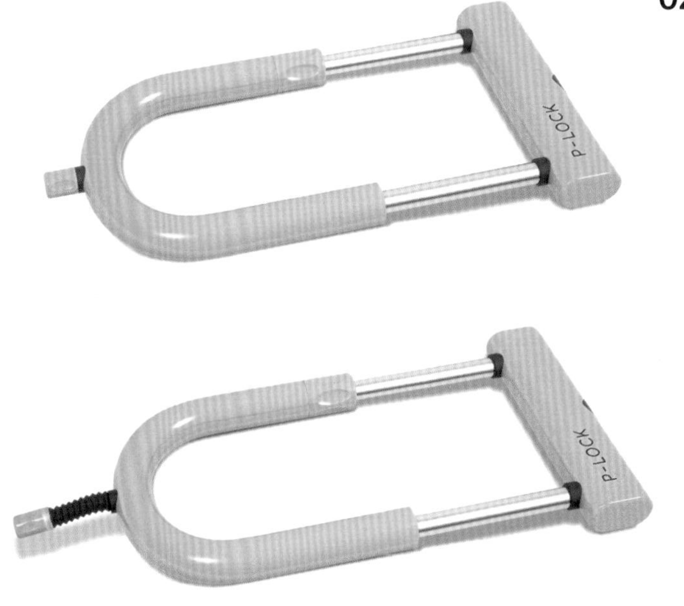

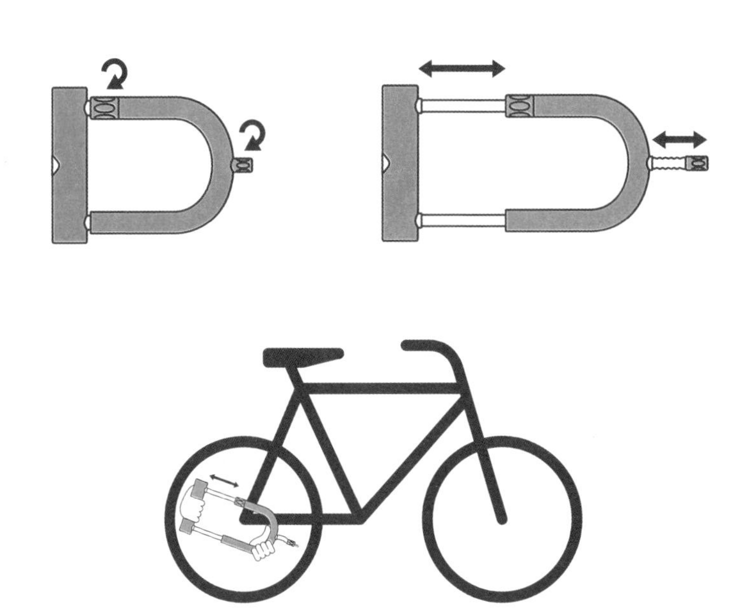

多功能车锁（P-Lock）

骑行的人通常需要两件东西——自行车锁和打气筒。当自行车被停放锁好时，打气筒不能被一并拴住，所以常常被偷。多功能车锁把自行车锁与打气筒结合在一起，具有以下优点：

· 骑行的人只须携带一个多功能车锁，便可替代原来的“两大件”（自行车锁及打气筒）；

· 打气筒会随自行车被一并锁住，所以小偷没法偷走。

多功能车锁的形状具有符合人机工程学的优势，当人们使用它打气时，很容易单手握住它弯曲的那头，使得另一只手能保持垂直送气的动作。

12:36

时间

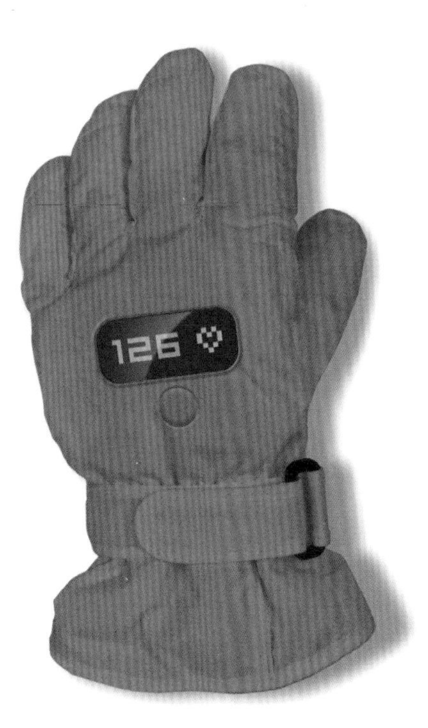

心率

温度

智能手套（Timeout）

在冬天，尤其是进行滑雪等冬季运动时，很难看到藏在长袖或手套下的表。智能手套提供了解决方案——通过在手套外显示数据，查看时间变得轻而易举。当轻触按钮，智能手套亦可提供其他相应信息，如佩戴者的心率或当下的气温；它甚至可以整合GPS追踪器或秒表。OLED(有机发光二极管)显示屏的使用则意味着低能耗，一枚纽扣电池便可续航数年。

PUNCHO
754
N

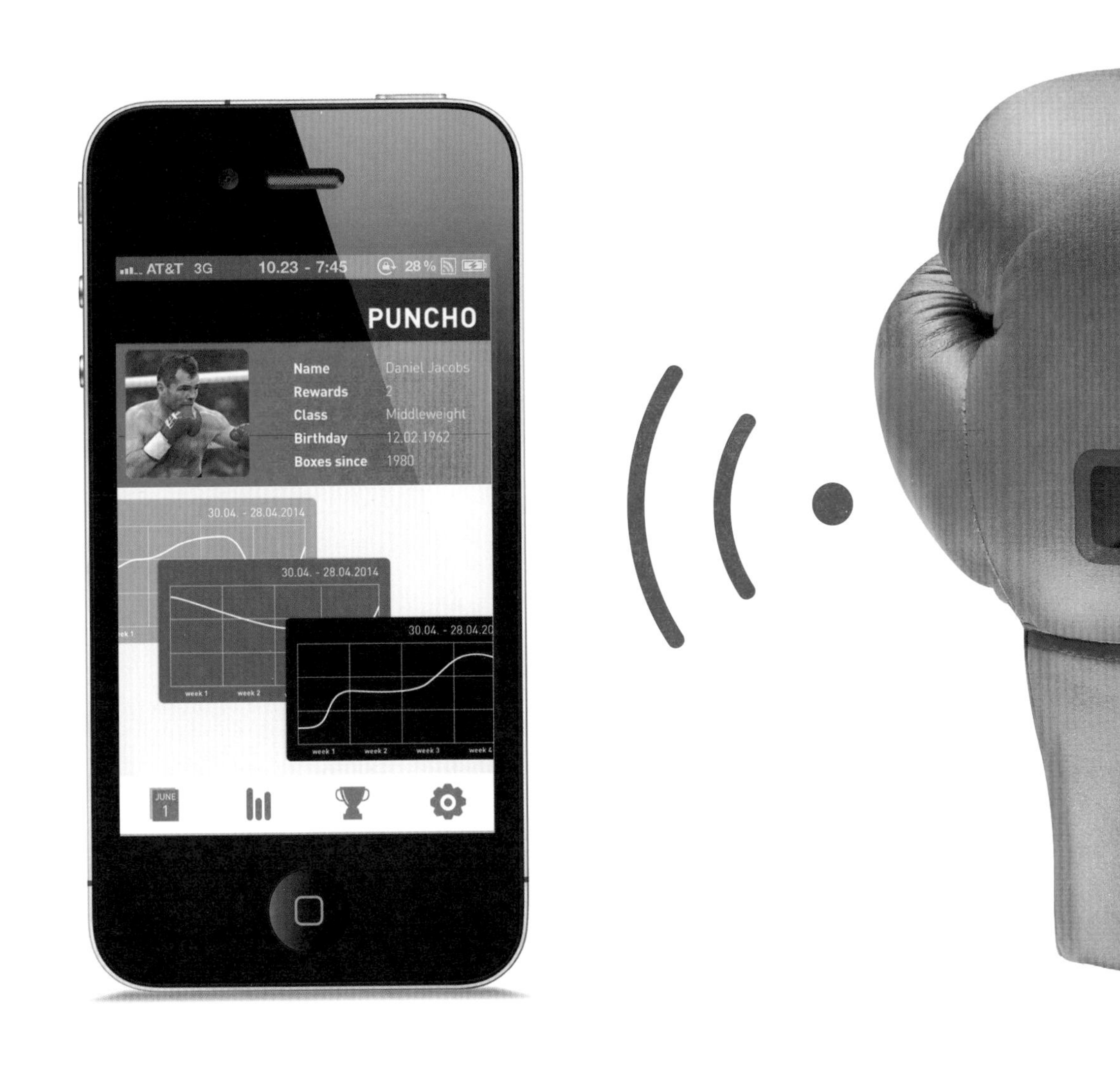

智能拳击手套（Puncho）

智能拳击手套通过测量拳击的力量和速度帮助运动员取得进步，基于 OLED 技术的柔性屏幕将结果可视化。它配有一款专门开发的 App，使用者不仅可以衡量自己的进步，还可以将自己的成绩与其他运动员进行比较。

易清洁

“高光泽外壳和指纹是不协调的二重奏。”

我们的世界并不像有些广告宣传展示出来的那般干净。短暂的时间过后，许多产品就不再像新买来时那样闪闪发亮。在设计前多思考一下产品的使用效果，有助于避免产品退化和用户失望。

一般来说，须考虑以下几点：

表面：避免不必要的凹凸不平

光滑的表面总是更干净也更易清洁。像凹槽、孔洞或波浪形的装饰性元素，虽能抓人眼球，但也易招惹尘土。例如，很多牙刷柄上有独特的凹槽，让人觉得方便抓握，但这其实只是它们为了区别于同品类其他产品而耍的花招。由此引出了一个“不解之谜”：在这难以置信的创新产品诞生之前，原本的牙刷是怎样做到没有一次次从人们手中滑落，进而顺利演变至今呢？事实上，带凹槽的牙刷柄非但没能更易于抓握，反而成了一块专门吸引牙膏残留的“吸铁石”。可以肯定的是，牙刷不会因为没有凹槽就遭受永世躺在地板上的厄运。

涂层：不给灰尘留一丝余地

如果你密切留意过那些捧着手机的人，你会经常见到他们用袖子疯狂擦拭屏幕表面，徒劳无功地试图将指纹从玻璃面上擦去，结果却只是给屏幕增加了新的脏痕。哑光喷砂面能很好地解决这个问题，防污涂层则能使产品在很长时间内保持吸引力。

有时，“莲花效应”也能帮上忙，即让落在面上的尘土自动滑下。这个原理最初发现于亚洲的莲花，如今广泛应用于衣服、汽车及其他许多东西的表面防尘，其中还包括建筑物的玻璃幕墙。

请参阅第 143 页附录中的说明。

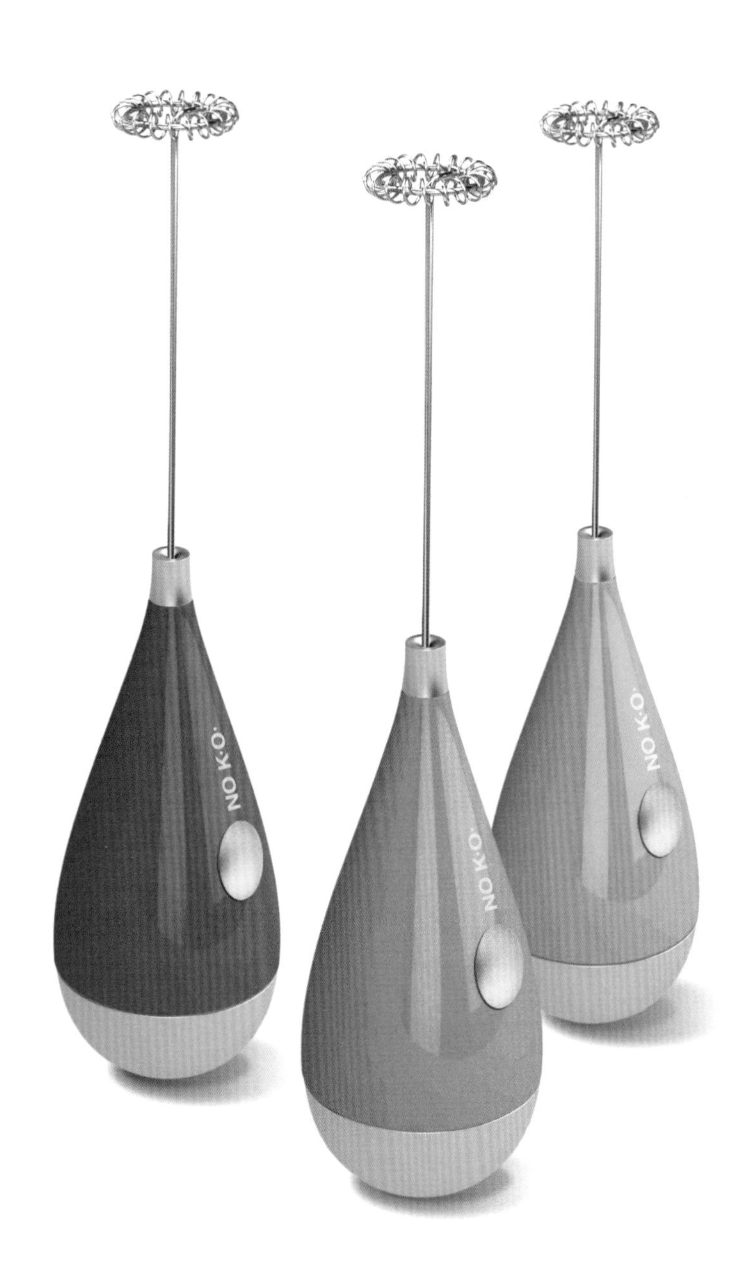

不倒翁起泡器（NO K.O.）

不倒翁起泡器是一款外表美观且能解决特定问题的牛奶起泡器，它的回弹力能防止它翻倒或滚动。它不怎么占空间，给人留下整洁有序的印象。低重心的半圆钢底使不倒翁起泡器总能自己恢复成直立状态。设计中有意省略了边缘和凹槽，使得该装置看起来美观且易清洗。

颜色和材料：搭配得宜

要把全白的地下室打扫干净是不切实际的，这个道理放到产品上也是一样，会与灰尘接触的部分应充分调整以适应这种状况。较深的颜色落灰不显形，光滑的表面一开始就不给灰尘以藏身之地，而额外的分层可以阻止异物进入表面并损坏外观。

换句话说，一件产品不应只在出厂时看起来光鲜亮丽，使用几年后仍应能焕发光彩。

人机工程学

人们在使用产品时应感到舒适、自然。人机工程学（ergonomics）是优化设备可用性的科学，这个词源于希腊语“ergon（工作）”和“nomos（法则）”。考虑到大部分产品都是为人类使用而设计的，那么合乎逻辑的做法是使产品适应人类需求，而不是反过来。但很多产品都不符合这个情况，为什么呢？要么是设计时未将人机工程学纳入考虑范围，要么是许多产品着重面向核心目标群体，进一步微调则显得不太经济。对于追求个性化的人来说，这可不是个好消息。

“产品为人类而生——而不是反过来。”

由于人类除了血肉之躯，还拥有精神及思想，所以人机工程学必须兼顾两个层面——物理层面和心理层面。

handycan

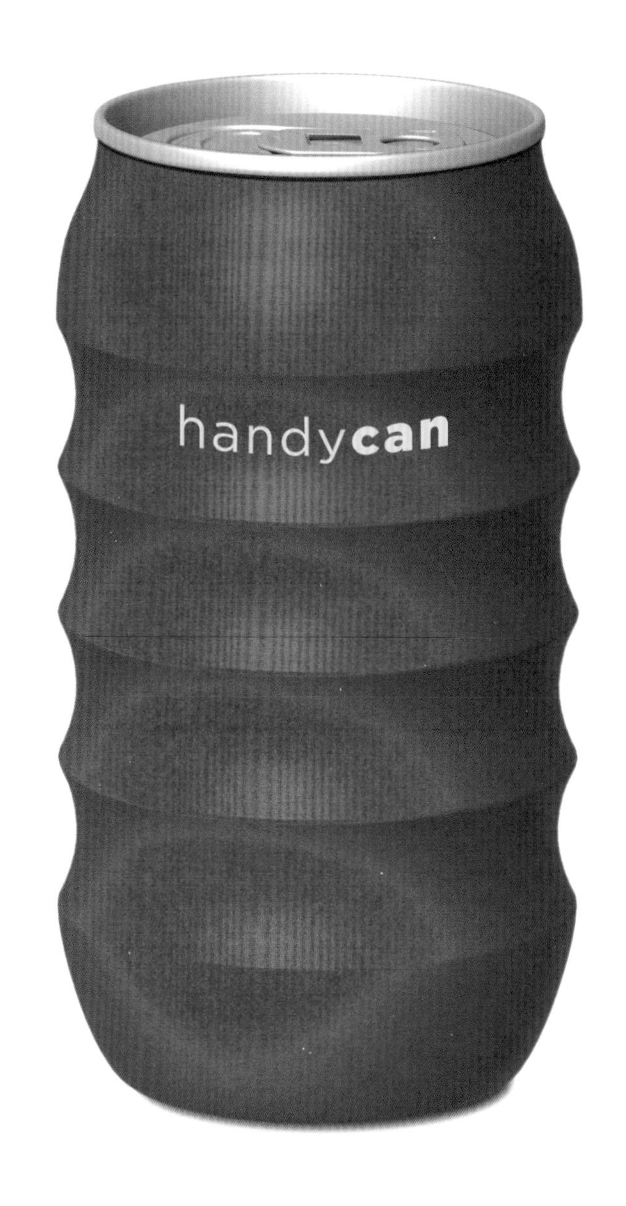

便回收易拉罐（Handycan）

可折叠的形状使易拉罐更容易回收，不仅降低了到回收站的运输成本，还降低了预先的储存成本。其罐槽的宽度和半径被调整为手指的平均尺寸，以便于抓握。

物理人机工程学

在这个章节中，人体解剖学显然是重中之重。物理人机工程学着眼于人类和机器的联系，优化产品的易用性及操作性。即使只从你的朋友圈中挑出十个人，你也清楚很难去取悦他们每一个人。虽然没有万全之策，但还是有一些方法能帮助创造更符合人机工程学的产品。

取平均值

一般适用——时时不一般

这个方法适用于很多产品，但也有缺点，因为总会有很多人偏离平均值。所以由此得出的解决方案并不适用于每一个用户。例如，汽车设计中，内部空间是以人的平均身高 1.7 米为基础构建的，这反映了全世界人的平均身高。糟糕的是，欧洲中部和北部地区的人要略高于这个数值，他们的平均身高为 1.8 米。但是，据此调整车内空间的大小会损失亚洲和美洲的销售额。即使是德国本地的汽车厂商，也不会将其同胞的身高特别纳入考虑。

可调节结构

更好，但更贵

在这种策略下，用户的差异性被加以考虑。比如，可调节高度的电脑屏幕——每个用户都能根据他们自己的高度来调节屏幕。但一般情况下，生产商不会选择采用这种结构，因为正如前文提到过的，这会产生额外的成本。所以他们聚焦于平均值，并有意放弃不符合标准的一小撮。考虑可调节结构时，这个决定依赖于不可调结构对于目标群体的适应性及实现的代价高昂与否。

灵活的解决方案

自然生物

这个方法通过使用灵活的材料和智能的构造来自动调节产品以适应不同的情境，从而节省了大量的时间和精力。这种调节通常持续发生，没有任何限制或设置。在这方面，有许多源于自然界，由仿生学发展而来的优秀案例。这或许就是人机工程学的未来：产品灵活、自主地进行调整。托马斯·克拉维特（Thomas Klawitter）的车座构造展示了这种创新设计能走多远。设计师和他的宝马（BMW）工程师小队基于鳟鱼的解剖和骨架构造制造了仿生座椅。鳟鱼有一个相当灵巧的身体特征：当推动它们身体的一侧，鱼鳍会朝相反的方向移动。同样的原理应用在车座上：当一个人的身体因为加速被压向座椅或弯曲，靠背会自动收紧抱住驾驶员的身体，给予更好的支撑；同时，头靠也会向头部移动。多亏了这个以仿生学为基础的构造，这种创新的座椅不仅非常舒适，还比其他款式更轻，较小的体积也为后座的乘客留出了更多的空间。

心理人机工程学

对该领域的探索远少于对产品的物理人机工程学的探索，也不存在一劳永逸的专利解决方案。举例来说，人们如何处理信息就是通过认知心理学来研究的。在人们的“所见”和“所知”之间，存在一个重要的差异。比如，当一个人看到一棵树，这棵树在人的视网膜上投射下成千上万片叶子，但他看见的不是单片的叶子而是整体的树。对大脑的相关研究证实了优化心理人机工程学的独特作用，此外，其经常被应用在界面设计中。

“没有一劳永逸的解决方案。”

一项关于心理人机工程学的实际应用

请你描绘出数字 1 到 12，但不是用数字而是用条块。小的数字比如 4 和 5 可以轻松无误地画出，但大一些的数字则容易出现较多的错误，错误率会随着可视化数字增大成比例上升。将条块分组更有利于辨别，同时有助于更快、更准确地读数。Neolog 手表就应用了这个简单的原理，以矩形显示时间，它展示的每一分钟都是具体而客观的。时间单位被划分成小时、十分钟和分钟，有了这三个分组，时间很容易读出。

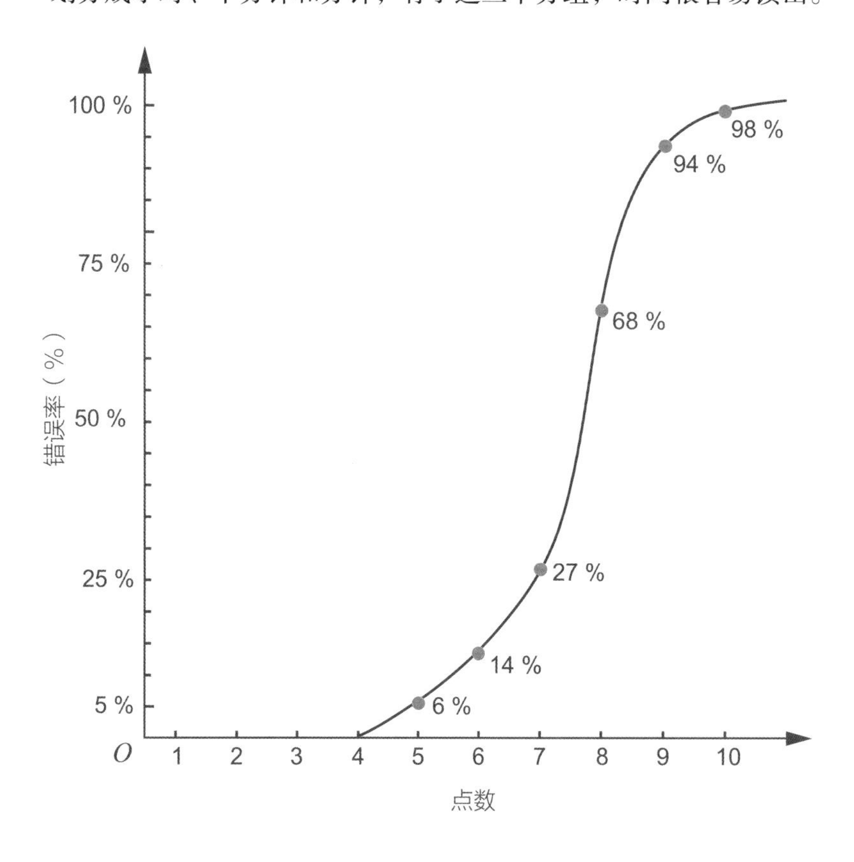

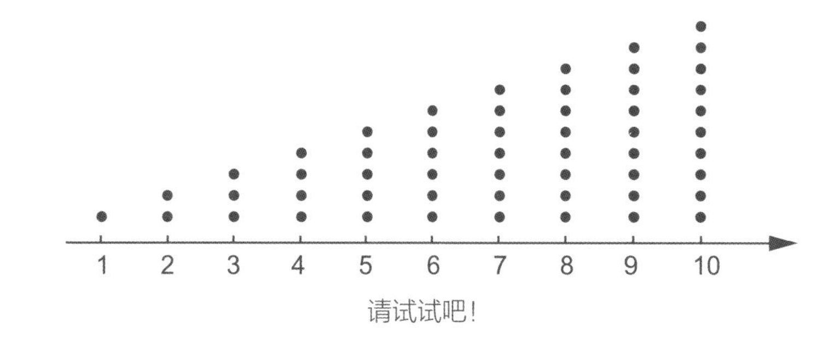

在这项研究中，200 名被试者被要求在没有编号的情况下识别一定数量的点。当数量达到 5 个及以上时，被试者错误率稳步上升。

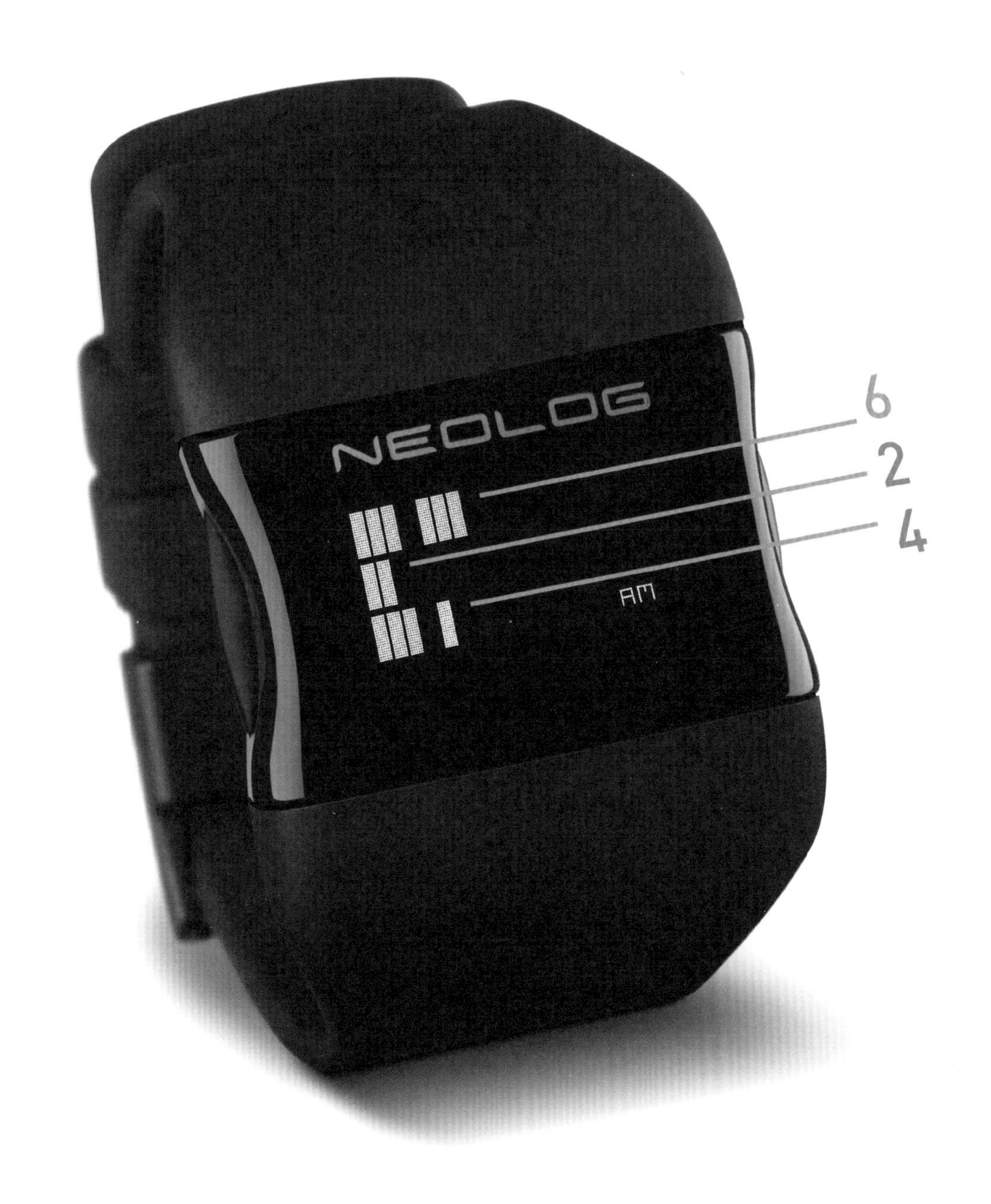

Neolog 手表

时间以数量而非抽象的形式展现。这种量化的时间显示方式宛如沙漏计时一般，但它非常精确且能快速读取。上图显示时间为 6 时 24 分。

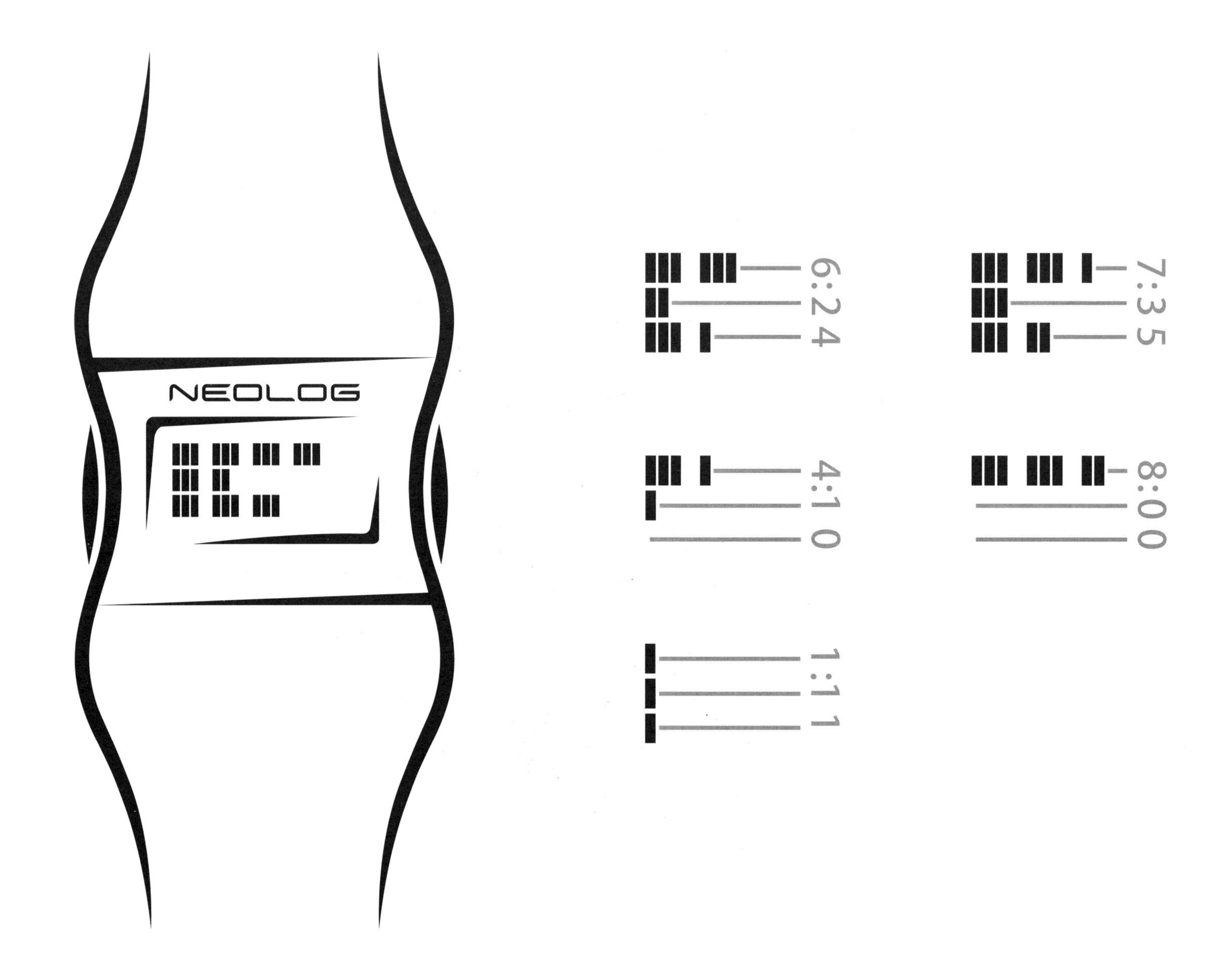

Neolog OS

时间可视化超越了文化和语言障碍。时间以数量形式展现，小时、十分钟和分钟分别对应一排显示位。为了更快捷地读数，表示数量的方块以三个为一组。

一旦佩戴者习惯了这种展示方法，它就提供了一种不寻常的和本能的对于时间的认知。

心理人机工程学对每个人都是一样的吗？答案是否定的。我们的许多特征都是经过世世代代的演化而来的，世界各地的人们拥有一定的共性。尽管如此，因为每一个个体都由其个人经历所塑造，所以产品创造中的心理人机工程学是一个非常灵活的部分。世界上没有任何研究能指望集齐所有的数据，所以都保持着一定的偏好倾向。这些实验的基础建立在个体经历及文化背景上，其中，文化方面至少能被纳入考虑。试着为亚洲市场设计一张餐桌吧，然后你会发觉，知道在这种文化背景下的很多人偏好坐在地上吃饭，将大大有助于设计。更个人化的偏好当然就更复杂，也只能靠猜了。除了常规调整的可能性外，一种根据用户偏好的持续性灵活反馈也起着重要作用。因此，针对个人行为的测量和调节技术，以及在设计过程中的系统适应，是必不可少的。在近来涌现的音乐类应用程序中，可以看到这方面的杰出案例。它们会搜集到越来越多的关于用户音乐偏好及习惯的信息，这就为个人播放列表的创建及对同类型音乐的推荐打下了基础。未来，这些应用程序可能会比我们自己更加了解自己。

第三章

美学

美学是形式语言中的诗歌。

美将拯救世界。

——［俄］费奥多尔·陀思妥耶夫斯基《白痴》

关于品味

美真的会停留在旁观者眼中吗？美可以被普遍定义吗？美是相对的，还是绝对的？种种迹象表明，自然界中的美与人的感知是分开存在的，它远没有一般认为的那样主观。自然界中，所有一切都是有意义的，但美的意义在何处呢？它起到什么作用？根据进化理论，所有事物都力求完美。那么美是否也是一种演化的动力，是自然趋向完美进程中必要的一环？我们又为何对美如此痴迷，盲目地跟随它的召唤？一个灰暗、枯燥的世界是不被接受的吗？不管一件造物背后蕴含着怎样的智慧，它总能以更实用的方式被创造出来。老实说，功能的实现是不需要美的，这个世界完全可以摒弃一切的美，纯粹依靠逻辑法则运作。所以美究竟为何存在呢？为什么它在我们的生活中占据如此重要的地位？一个可能的解释是，美不是进化的手段，而是“完美”目标本身的一部分。美是普遍的目标，超越人类自身。对称和黄金分割就是最好的例子，并且，正如重力和声波一样，它们也是自然的一部分。当然，说到美，个人因素同样也是不可忽视的。每个人都有自己的品味，这使得美具有极强的主观性。人们对美的定义取决于他们自身的经历、社会背景以及生物学能力。一个色盲患者和一个对颜色尤为敏锐的人，他们所见到的世界是截然不同的；一个总是穿定制西装的人很可能适应不了T恤和破洞牛仔裤。

关于美的理想各式各样，但如果我们将个人偏好摆到一边，便会从中发现共性。如此，又有什么理由不为品味留下一席之地呢？

外形

在日常生活中，工业设计师的创造力会受到各种条条框框的限制。首先，产品外形在某种程度上须追随功能；其次，是制造过程。但是，让我们先把这些搁置一边，专注于美学。

基本规则有哪些呢？

和谐

细节相似性

构思新设计就像创造视觉形式的音乐，如果设计师能将单个的音符串联起来，整体就会变得和谐。这一点也同样适用于光学。人类的视觉感知遵循以下原理运作：我们的眼睛持续不断地将新信息发送至我们的大脑，这股刺激信号的洪流被分门别类，重要的和不重要的事实相互分离。如果没有这层过滤，我们的大脑会无可救药地过载，我们也会随之崩溃。

“美即为善”的错觉竟如此根深蒂固，令人难以置信。

——［俄］列夫·托尔斯泰

过滤后的信息被送到所谓的“记忆数据库”，在那里，新信息与原有信息可以交叉参照。我们由此得以理解看到的对象，并在内眼前生成图像的副本。所以，我们看见的并不是现实，而是对现实的再现。

大脑对产品外形的分析越容易，分析的过程就越愉悦。过多的细节、糟糕的比例和陌生的形状都会使分析过程变得艰难，并使得分析对象呈现出不和谐的别扭感。但如果大脑能在外形上发觉内在逻辑，且没有被过多无谓的细节纠缠，重构就会变得容易一些。观察对象越和谐，我们看着就越愉悦。以我们的大脑能够轻松掌握的方式来再现观察对象，是最合乎逻辑和最优的选择。

说到这里，就值得我们更细致地去考虑须采取的措施，以创造出和谐的设计。

一致性

外形花样越少越好

使用同样的半径、同样的基本元素和其他相类似的元素，将有助于产品的形象表现。

比例

> 完美可以存在于不均衡中，
> 但美只能在比例中存在。
> ——［德］歌德

让大脑放松

当你看到一个物体时，不管你是否意识到，你的大脑会自动分析它各部分的数学比例。它或是结构精良，长度、距离划分协调，或是刚好相反。因此，适宜的比例不是取悦于眼睛，而是大脑。

黄金分割

一直以来，人类都在寻求图形组合的理想方案。从黄金分割线可以看出，这种追寻是值得的。早在大约公元前300年，古希腊的数学家，来自亚历山大的欧几里得（Euclid），首次阐述了这一原理。一位方济各会修士，来自圣塞波尔克罗镇的卢卡·帕乔利（Luca Pacioli），认为黄金分割是“神圣的比例”。首次具体的描述则由蒂宾根大学的迈克尔·马斯特林（Michael Maestlin）教授完成。1597年，在一封寄给原来学生约翰尼斯·开普勒（Johannes Kepler）的信中，他将该比例定义为接近1.6180340。为了让枯燥的理论更加“出彩”，请完成下面这个任务：用两种颜色为一组条形图上色，一部分用橙色，另一部分用灰色。

当你感觉最为协调的时候，两部分是什么比例呢？

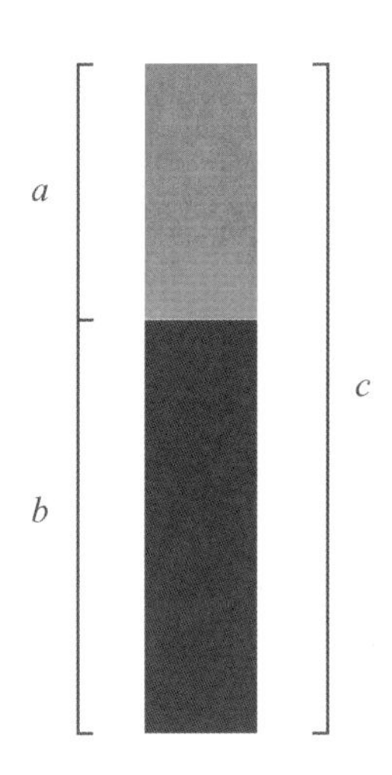

为什么第二种组合看起来最为协调呢？让我们来仔细看看。橙色部分的长度为 a，灰色部分为 b，将 a 和 b 与整体长度 c 相比，我们可以发现，a 与 b 的比值等于 b 与 c 的比值，这就是理想的分配比例。

如果你根据黄金分割比例对某一长度进行划分，两部分长度的比值将恰好等于较长部分与整体长度的比值，该比值为 1:1.618。

$$\phi = \frac{a}{b} = \frac{b}{c}$$

$$\rightarrow \frac{a}{b} = \frac{b}{a+b}$$

$$\rightarrow a^2 + ab = b^2$$

$$\rightarrow a^2 + ab - b^2 = 0$$

$$\rightarrow \phi = \frac{a}{b} \rightarrow a = \phi b$$

$$\rightarrow \phi = \frac{b}{c} = \frac{b}{a+b}$$

$$\rightarrow \frac{\phi}{1} = \frac{b}{\phi b + b}$$

$$\rightarrow \phi^2 b + \phi b = b$$

$$\rightarrow \phi^2 b + \phi b - b = 0$$

$$\rightarrow \phi = \frac{1 \pm \sqrt{5}}{2} \quad \phi \approx 1.618 \text{ 或 } \phi \approx -0.618$$

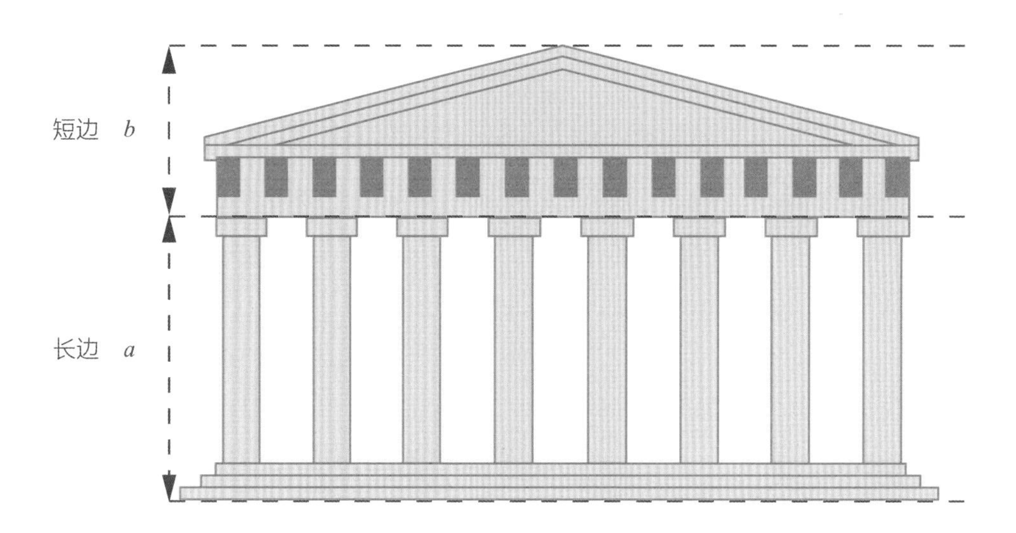
短边 b
长边 a

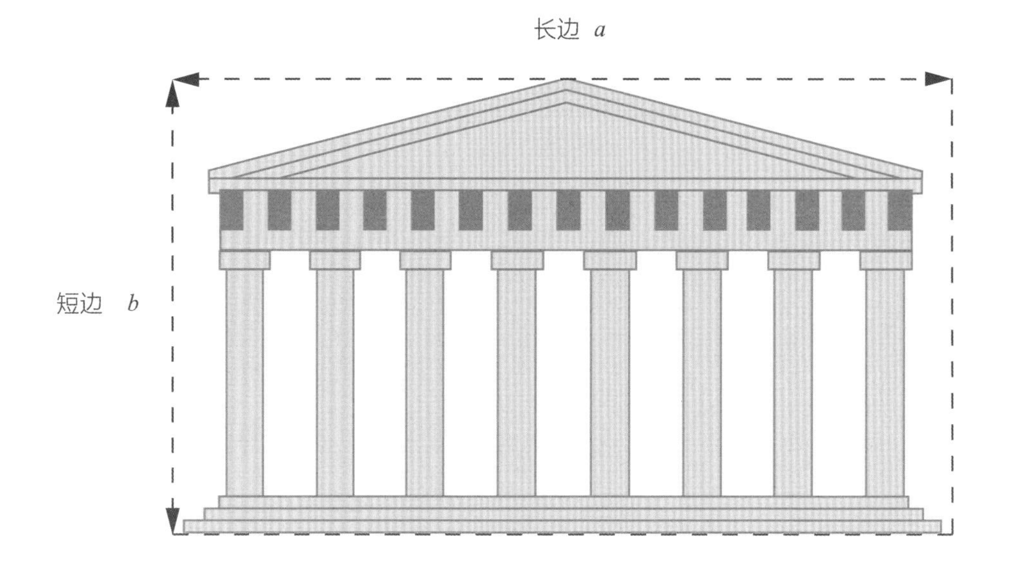
长边 a
短边 b

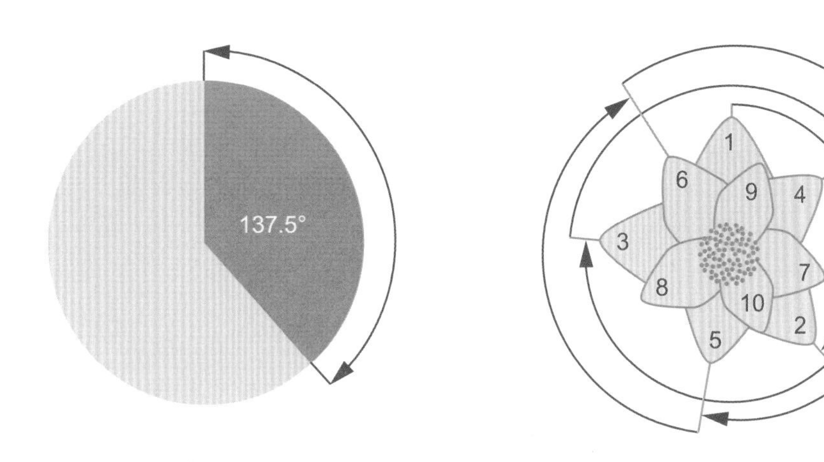

一些花朵中连续的花部（体现在图中即为数字相连的部分，如1和2，2和3）间的夹角即是黄金角度。

黄金角度

将圆周按黄金比例切割即得到黄金角度，该角度为137.5°。当你沿圆周按黄金角度旋转移动时，每次都会按相应比例到达新的位置。出现这种结果是因为你无法用137.5°整除一个360°的圆。如果你继续按该比例移动，将呈现出一种偏移的图形效果。这种图形你可以在大自然中见到，也只有大自然能够证明黄金角度早已融入生命。

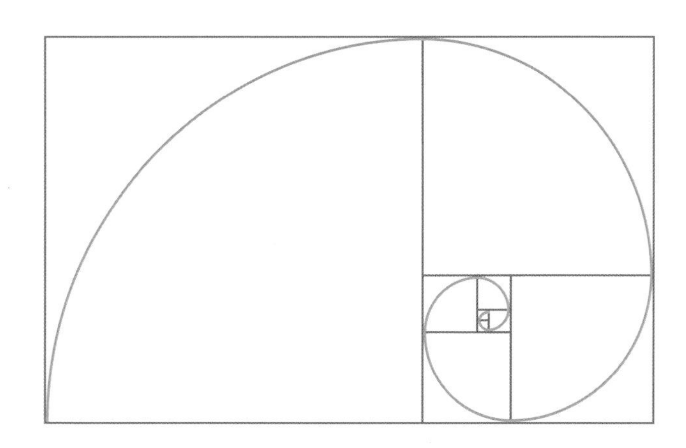

黄金螺线

黄金螺线通过一系列四分之一的圆描出外形，每个四分之一圆的半径依次是前一个半径的1.618倍。

这种分割比例体现在很多建筑中，还有绘画、布局，甚至音乐中。更有意思的是，在大自然中，许多比例也遵循相同的原理。

网格布局

“在幕后”维持秩序

设计中的所有元素都会参照一个看不见的网格布局，这样它们的摆放就会形成一个和谐的整体印象。在屏幕、控制钮或通风口等可见元素旁，圆心或轮廓延长线等虚拟对象就从属于网格分布。这不仅对产品的外观有积极影响，还能增强可用性，因为结构清晰的设计有助于用户直观地掌握和使用产品。方形网格常被运用于网格布局，元素能据此做出水平和垂直方向的调整。除方形网格外，网格布局还有多种可能性，那些以三角形划分的网格为元素提供了新的排列可能，甚至还有圆形网格和基于几何算法的网格。

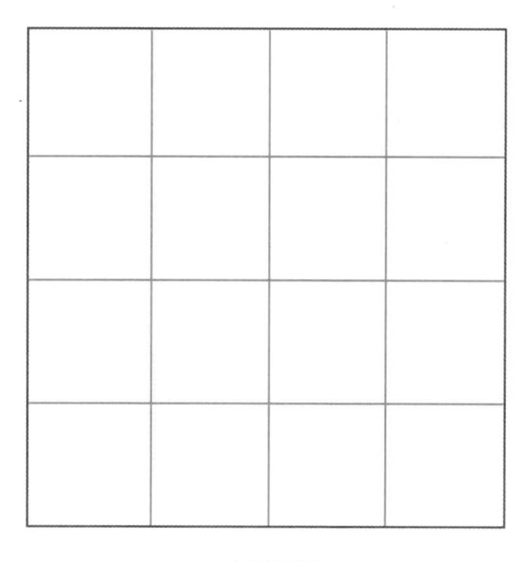

方形网格

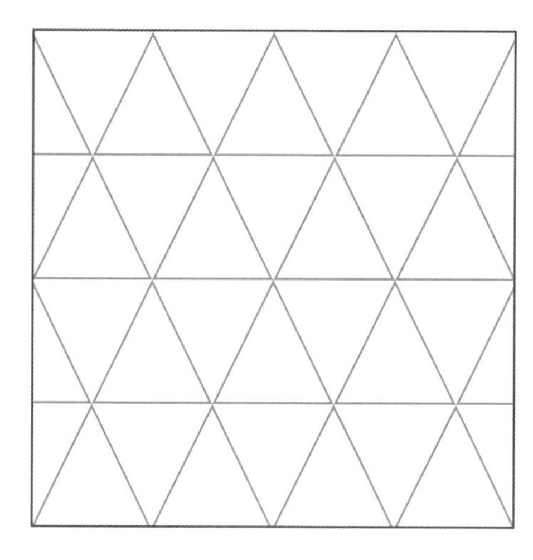

三角形网格

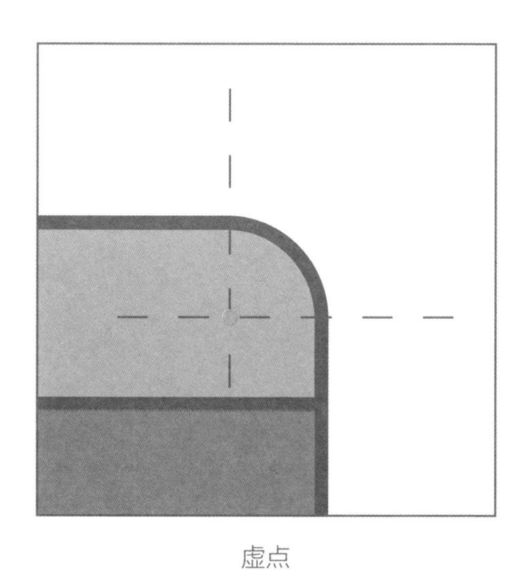

虚点

该圆角的圆心也是根据网格定位的。

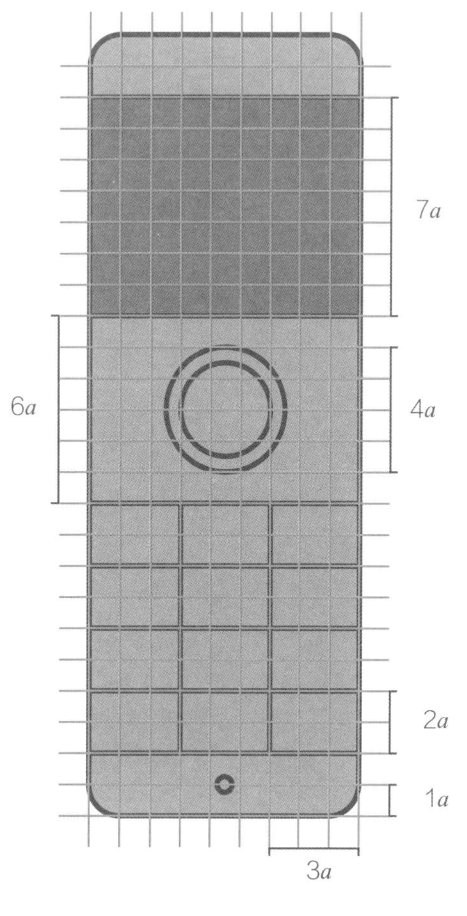

这个案例展示了屏幕和操作键等元素是如何根据无形的网格布局进行调整的。

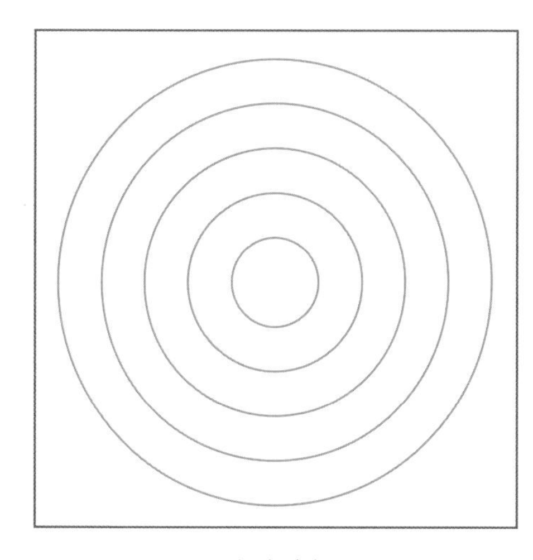

径向光栅

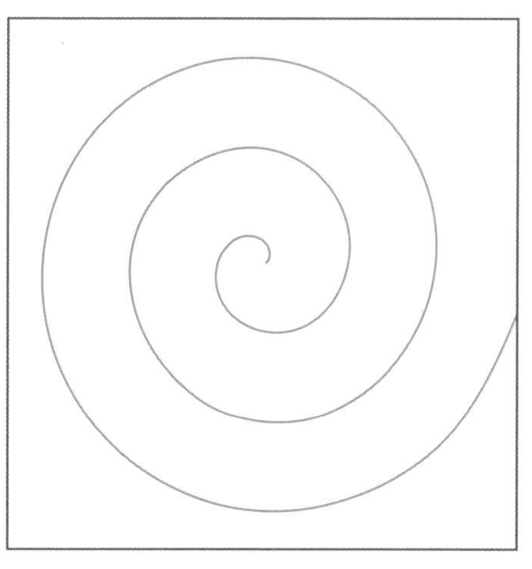

阿基米德螺线

杆面上的浅凹排列（完整图形请参阅第 99 页）。

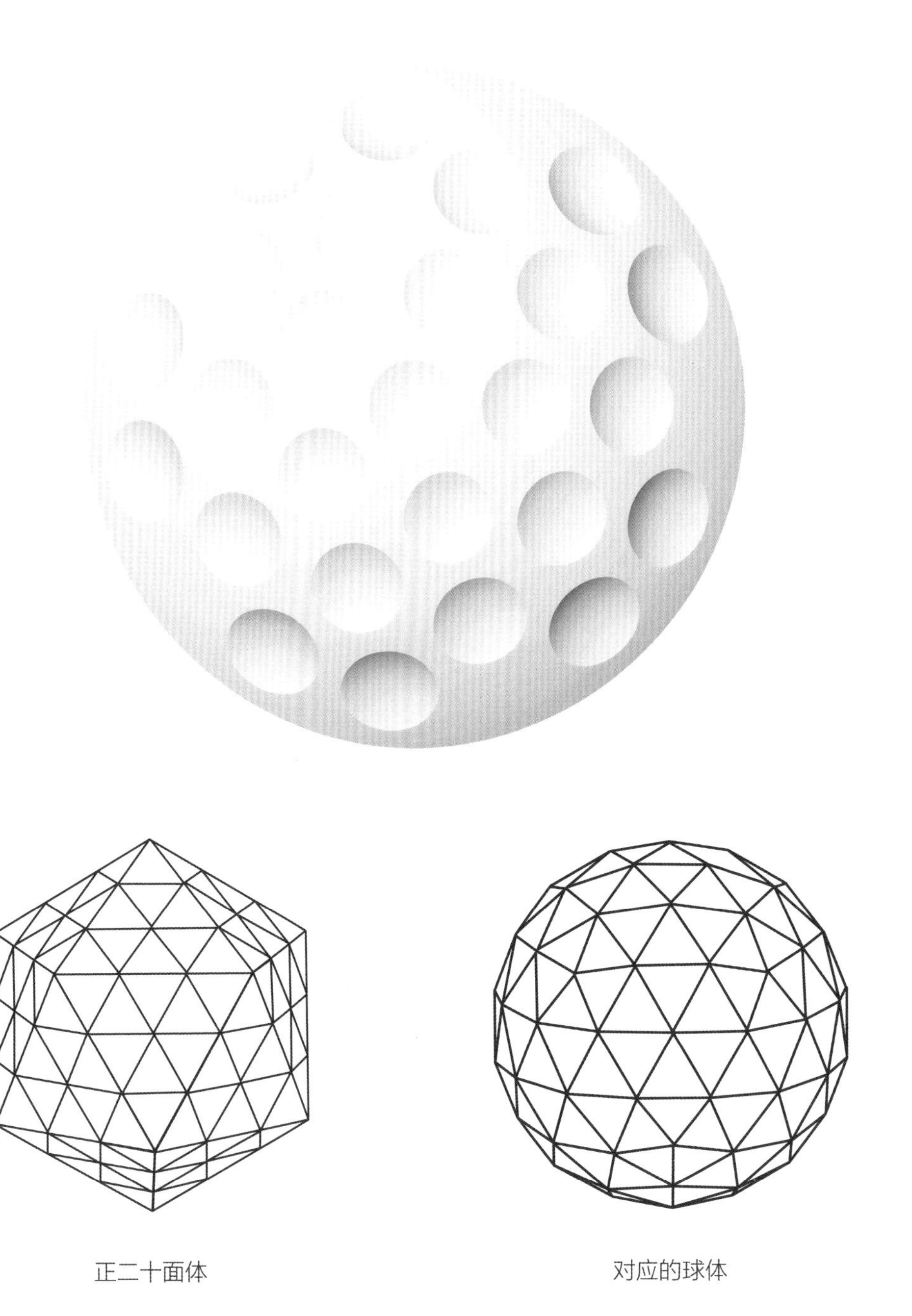

正二十面体　　对应的球体

正二十面体是一种柏拉图体，是搭建网格球形穹顶（具有三角形子结构的球形穹顶）的理想载体，其每一个顶点都在球面上。根据正二十面体的规则进行的调整，使得浅凹有规律地分布。

tonwelt SL 专业版音频导游器

重要的不只是内容，音频导游器将陪伴游客参观博物馆和展览馆，在设计上应易于操作且符合人机工程学。tonwelt SL 专业版采用用户熟悉的布局方式，并且只留下必需元素，使其整体外观看上去沉稳且功能分明。布局如此协调、平衡的音频导游器，在市面上并不多见。（tonwelt GmbH 的代表设计）

精减

少即是多

没有实际功能的设计元素通常没有存在的理由，不必要的事情会分散大脑的注意力。无关紧要的细节往往反映出时代的潮流，事后看起来会显得过时——正如 20 世纪 80 年代流行歌手的服饰一样。

简而言之，极简主义乃上上之策。

对称

有时，做事做“一半”反而更好。有了对称设计，大脑只需要图片的一半便可拼凑出一个整体，像这样的设计更易于领会。蝴蝶、向日葵，甚至人类，在某种程度上都是对称性的结构。“对称”（symmetry）这个词描述的是几何图形自行描绘自身的能力，源于希腊语“symmetría”，意为和谐的关系、比例等。由于它的规律性，眼睛能较容易地识别对称图形，对于观看者来说也更为放松。对称有多种形式，在二维区域中，轴对称和径向对称必须加以区分。

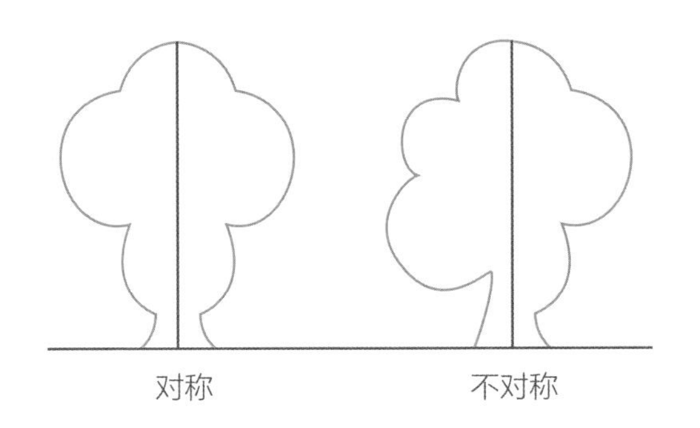

轴对称

这种变化也被称为镜像或反射对称。在对称轴上，两边的图案可通过镜像得到，是完全一致的。

举例来说，大写字母 A 就是对称的。如果将字母从中间由上到下分开，并将一边折叠到另一边上，我们可以看到，A 的两边是一模一样的。

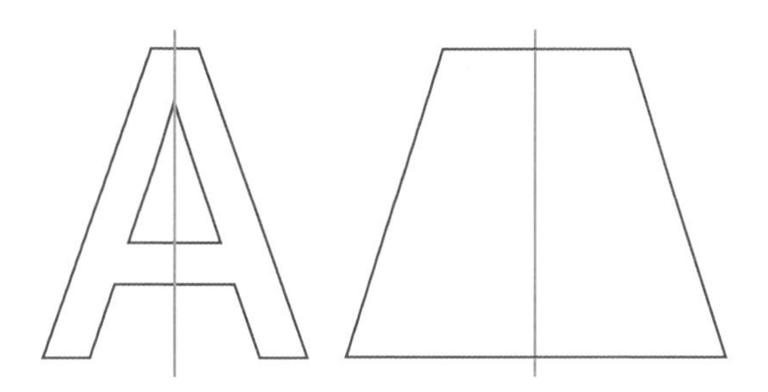

中心对称

自然界中，花是中心对称的杰出案例：围绕一个点，也就是所谓的对称中心，相同的图案以一定的间隔进行镜像复制。花瓣便是围绕一个中心对称调整——如果它们没被某个苦苦寻觅答案的人摘下来的话："她爱我，她不爱我，她……"

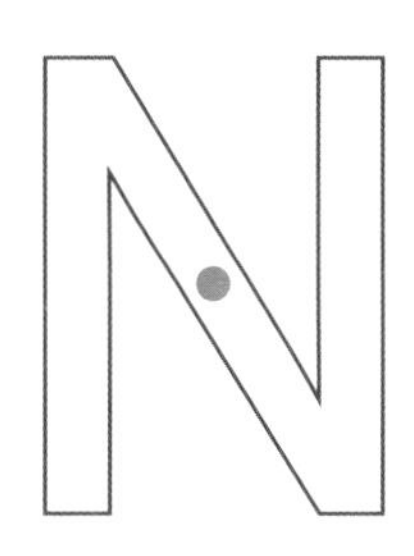

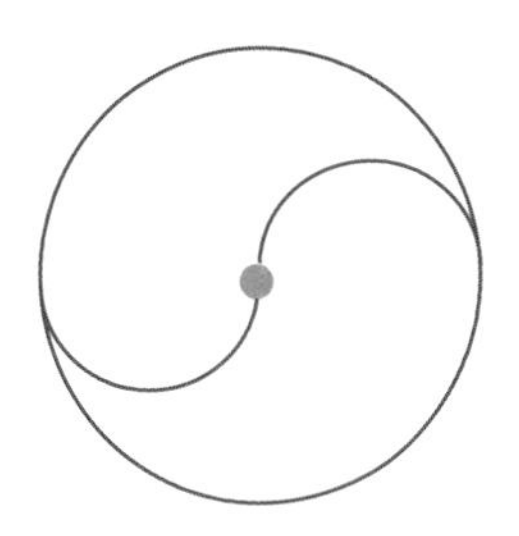

对称创造了许多有趣的图案。在对称系统中加入图形创造出各种各样的图案，也被称为曲面细分。

电视接收器（TV-Dongel）

通风槽的排列为轴对称形式。

不对称

不对称，正如其名称所强调的，是对称的相反面，不对称的图形无法通过镜面精准复制出自身。一个有趣的边缘性案例是人脸。第一眼看上去，人脸似乎是对称的，但实际上，面部两侧有许多细小的差异。事实上，由科学家借助电脑程序创造出来的完美对称的人脸并没有更漂亮，反而因过于对称而显得不自然。

在设计过程中，哪些应该对称而哪些不应该对称是一个关键的决定。正如生活中遇到的种种情况，凡事都有两面性。对称图形明显更易于掌握和理解，因为人类能更快地辨识这种图案。与之相对，不对称图形则更有趣，也更具创造力。在机械结构中，不对称有时是不现实的，因为可能会导致平衡问题。优秀的工业设计通常会较好地综合这两方面的因素。汽车的前部是对称的，而侧面往往是不对称的。出于不同的视角，对称和不对称成为一个整体。

明确

避免误解

不存在类似“有点怀孕”的状况，只有“是”或“否”才能明确事实。和口语一样，设计语言必须明确、清晰才易于理解。模糊的设计迫使大脑思考更多，我们必须更仔细地观察才能重建内眼前的形态。简化、清晰的图形让我们第一眼就能识别，并感到愉悦、和谐。

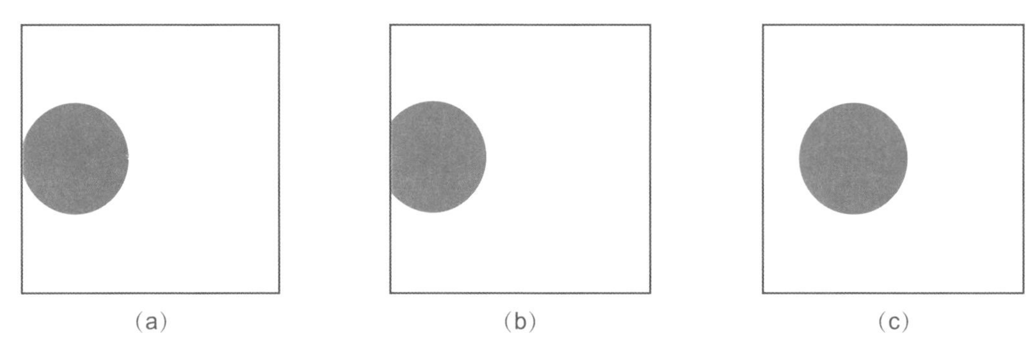

(a)　　(b)　　(c)

在图片（c）中，圆形完全处于方框内；在图片 b 中，圆形明显被截断一部分。将（a）与（b）、（c）对比，可以发现（a）似乎更不和谐，因为图中圆形的位置未被明确定义。

规律

沿着理想的线行进！

什么时候我们会想要更长久地观摩一个物体？

什么时候我们会不仅仅满足于看，而更渴望亲手去触碰它？

这个问题可以用曲线的例子轻松作答。简而言之，曲线是不平稳中的平稳。在几何学中，术语“曲率”描述了曲线方向的变化。什么样的曲率才是和谐的，能吸引我们看得更久呢？由于我们的大脑偏好重建易于掌握的图形，所以曲率必须合乎逻辑且保持连贯。当一条曲线有规律地行进，且没有突然改变形状和方向时，它就是和谐的。我们的大脑能更好地理解那些拥有“数学背景”的典型曲线，因此，图形的变化应遵循逻辑规律。曲线的轨迹在很大程度上影响了我们的认知。在数学中，斜率衡量的是曲线或直线的倾斜程度。那么，这又意味着什么呢？试想你站在一条通往小山坡的道路上，想要到达山顶，你必须克服斜坡的阻碍。每向前一步，你都同时在往上移动，越是陡峭的路，就需要耗费越多的能量前行。高度变化大小和水平移动距离的比率就是这条路的坡度。这也可以通过数学术语来描述：

线性函数斜率

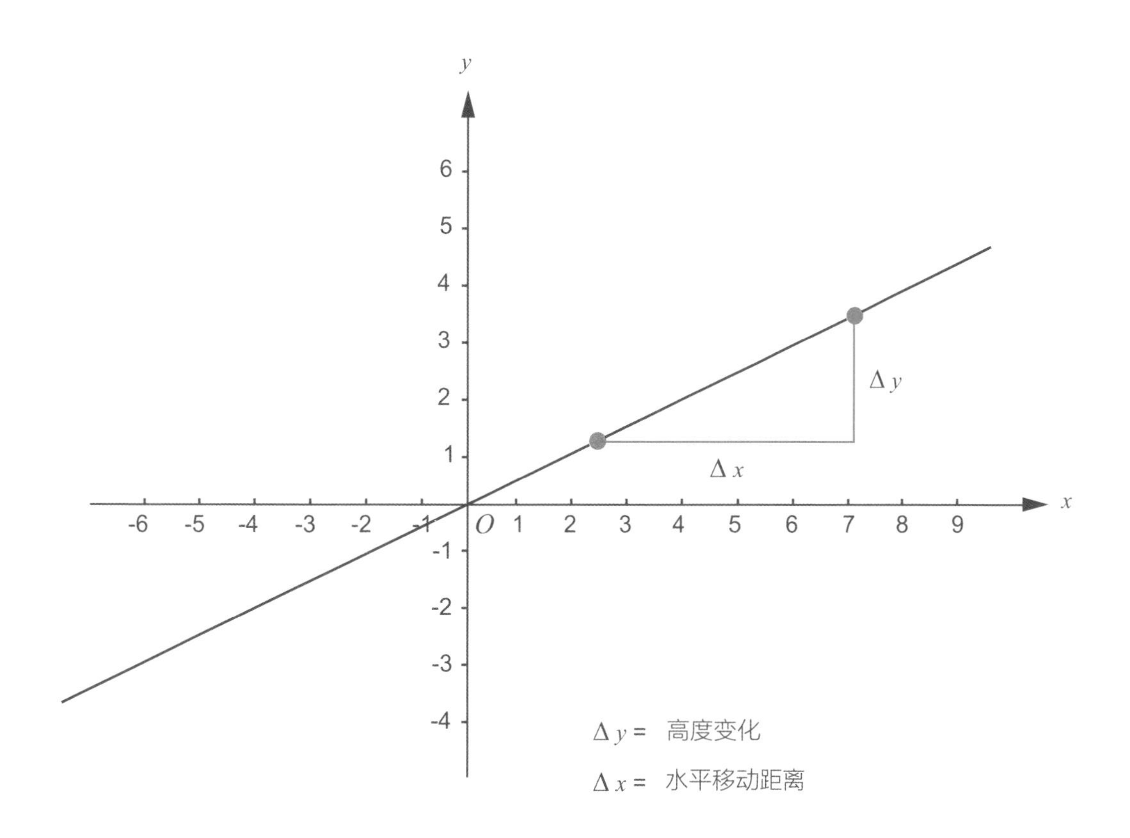

斜率 = $\frac{\Delta y}{\Delta x}$，是垂直和水平距离的比值。

如果现在你开始追问起自己直线斜率和曲线斜率的关系，我真要感谢你专注地看到了这里。极易证明的是，直线的斜率在任何一点上都是恒定的。曲线则完全不同，其斜率时时刻刻在变化。继续上面的例子，想象你现在仍走在一条路上，一会儿上山，一会儿下山。如果斜率的改变是有规律的，一切看起来会显得很和谐。哪怕你从未在学校上过高等数学的课程，你的大脑依然能识别这个弯曲的坡道是否规则。它会试图重建这个形状，而有规律的变化总是更易于消化吸收。复杂或不规律的斜率变化难以为我们的大脑所消化，因为它们需要大量的时间和信息来计算，也因此在观看者的眼中显得不和谐、不愉悦。

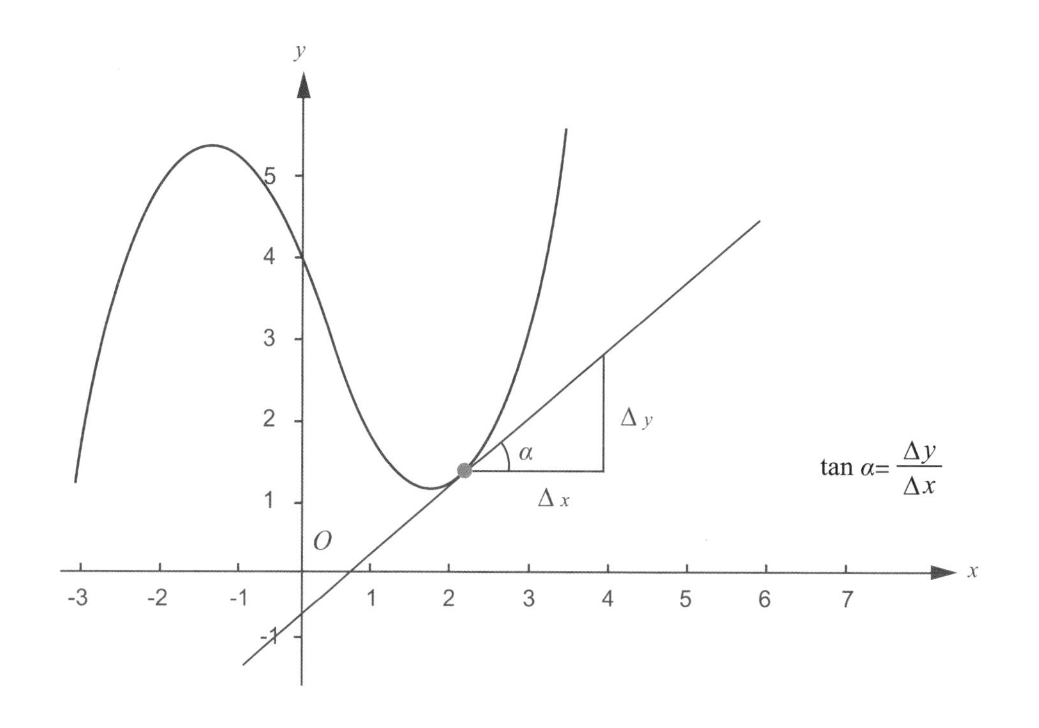

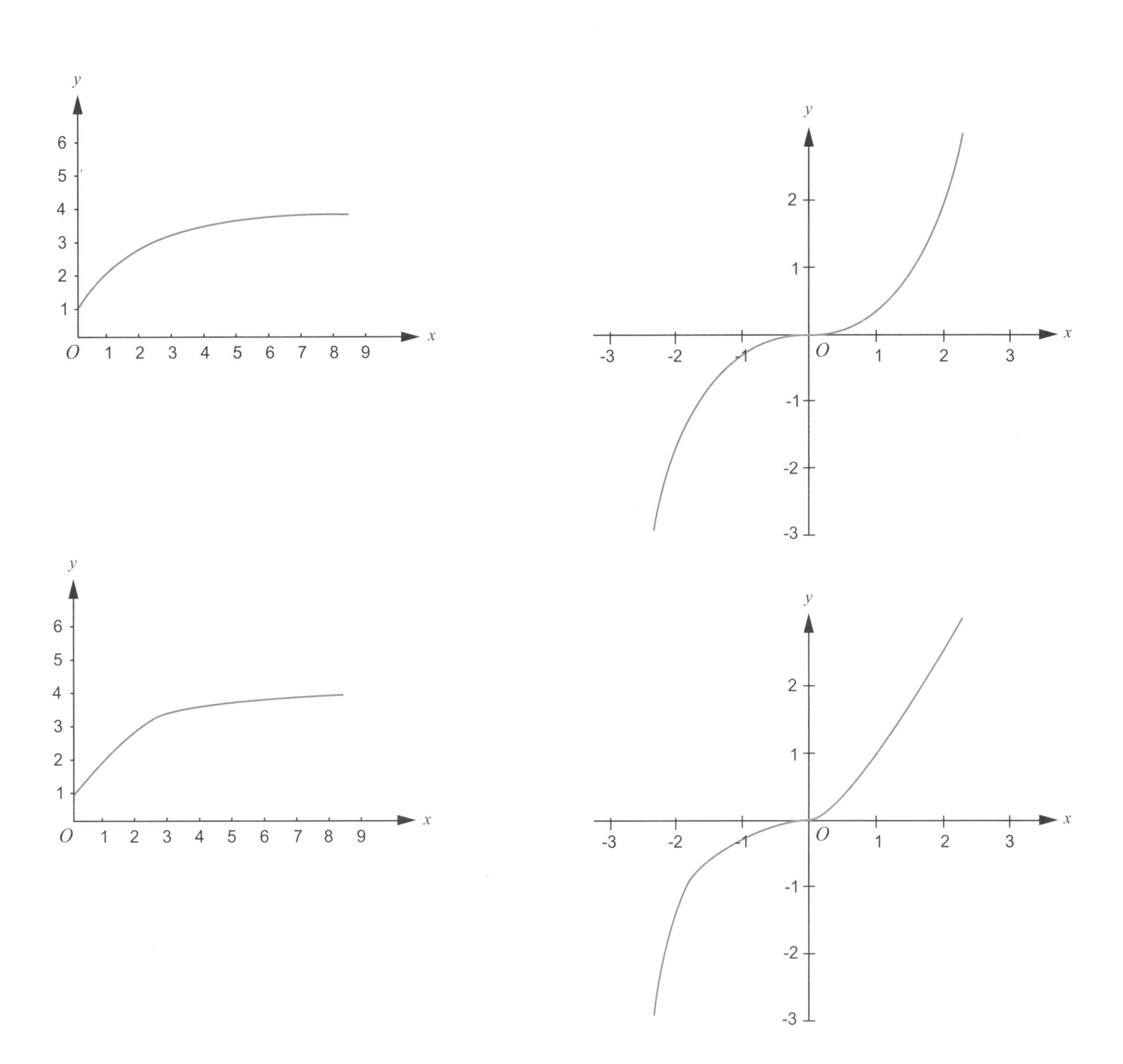

上图中，上面的两幅图展示了具有规律斜率的曲线。相反，下面的两幅图展示了不具有规则斜率的曲线。

春暖花开香氛机（bloomy）

家用香氛机气味芬芳，美丽迷人。它的形状似一个花苞，反映了它的功能。规则平滑的外观曲线使产品看起来十分协调。

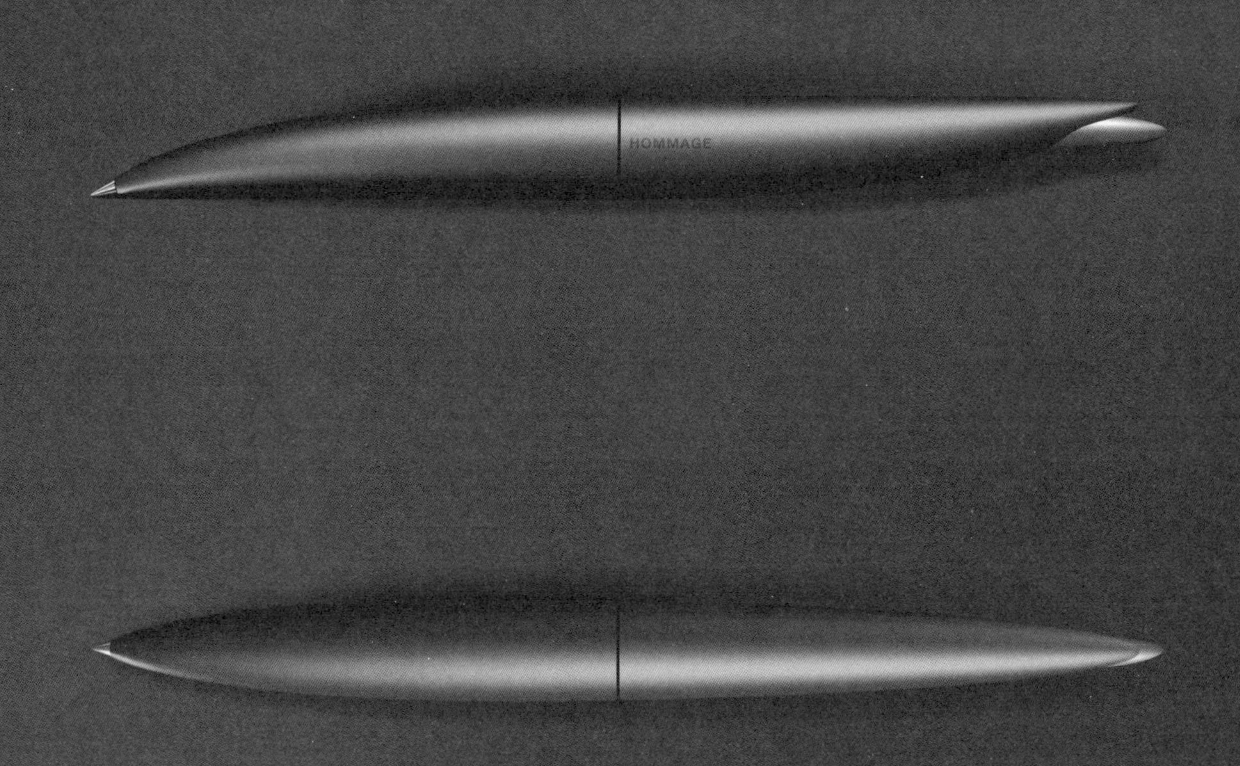

不锈钢圆珠笔（Hommage）

该不锈钢圆珠笔具有压缩机制和弯曲的大容量储液罐。

同样的原理也适用于三维图形。通过研究表面曲线，我们得以分析空间表面的曲率。这是一种评估不平整表面光学和触觉质量的方法，如果它们的曲率包含一定的规律，看起来也会很和谐。但常言道：例外证明了规则的存在。谨慎、明智地运用风格上的不一致，着重加强这种异常或不规律性，能有目的地吸引对某些特征的注意力。换句话说："有时须要打破规则来突出亮点！"

生物美学

自然的美无与伦比

仿生学着力研究自然的技术层面，生物美学则全身心投入到自然的美学层面。生物美学研究自然生物的美，它们的规律与和谐——所有的深入了解都是为了开发产品。我们已充分认识到，生活在地球上的我们，正漫游在一个杰出设计的永恒展览中。自然美学与设计的代表性作品绝不只有花朵而已。当我们近距离地观察，会惊讶地发现，蟑螂翅膀半光亮的表面及和谐的曲率可以成为工业设计灵感的来源。弯曲、表面特征、颜色组合，或自然生物不同部分间的组成及关系，往往是理想的设计模板。"美"不仅仅意味着"美丽"——生物美学及仿生学之间存在着交叉点，"形式服从功能"的原则同样能在自然界中找到。和谐的比例不仅有益于外观，实际运作起来也更顺畅。举例来说，鱼，拥有非常和谐的身形，能在游动时减少水的阻力，因此经常被当作船或潜艇设计的模型。除此之外，设计师还能巧妙利用自然形式带来的联想：克尔维特"灰鲭鲨"（Corvette Mako Shark）跑车的研究正是基于鲨鱼流畅的线条。观看者在欣赏车身设计时，自然就会把力量、速度和敏捷性这些与鲨鱼相关联的特性代入到跑车之中。

POWERFLOWER

能量之花（PowerFlower）

始终朝向太阳。这款微型太阳能发电站能十分有效地为电子设备充电。位于平台中间的方位传感器测量日照最充足的位置，并据此对台座进行校准。此原理基于向日葵从早到晚向阳的特性，因此，能量之花运用了仿生学知识；另外，花瓣形状的太阳能板也涉及生物美学的应用。

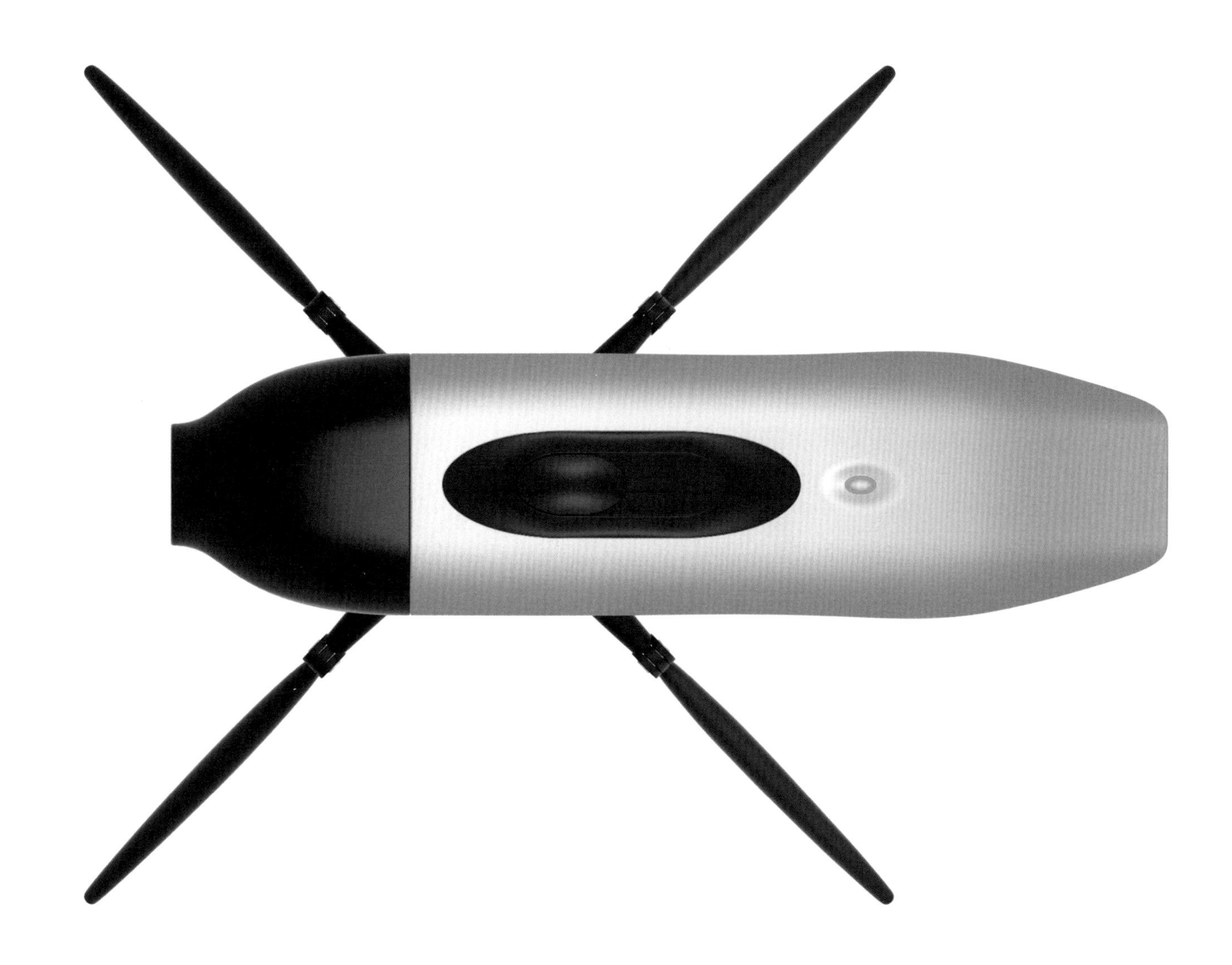

Higgs 微型摄影机（弗劳恩霍夫协会集成电路研究所的代表设计）

始终睁大眼睛。弗劳恩霍夫协会集成电路研究所（Fraunhofer Institute for Integrated Circuits IIS）的这款微型摄影机是智能的，不仅可以检测人脸，还具有其他功能。该产品形态基于生物美学，其三脚架“腿部”设计的仿生手法尤为典型，这使得该摄影机看起来十分活跃——持续处于工作状态并传递信息。

HIGGS
INTELLIGENT CAMERA

色彩

“色彩能让室温都高上几度。”

色彩对我们的影响超乎我们的想象。光线入眼的一瞬间，我们不仅对颜色有所感知，颜色的光谱还能触发某些特殊的关联。这些关联或是我们个人经历的结果，或是从漫长的演化过程中形成并传承而来，栖息在我们的基因中。

以下这些简短的概述描绘了我们如何认识某种特定的颜色以及由此产生的联想。

红色：这种颜色不会让人感到寒冷

生命、热情和欲望——这些都一致体现在红色上。但因其经常与能量、火焰联系在一起，红色也让人联想到愤怒与挑衅。我们会用“面红耳赤”一词形容生气，不是没有原因的。

蓝色：唤起漫游愿望的颜色

第一眼，蓝色让人冷静。作为清澈蔚蓝的天空与宽广无垠的大海的代表色，蓝色也使人联想到远方。它使人放松且平和，是澄澈而庄严的。蓝色是和谐的颜色，带给人希望。

黄色：看到这种颜色使我们高兴

黄色是活力与快乐的颜色。我们熟知这种感觉，它与日光浴带来的感受相同。但黄色还代表着嫉妒的负面情绪，同时，会使我们联想到黄金，因而也往往意味着贪婪。

绿色：自然的颜色

绿色是我们每天看到植物时会遇见的颜色。这就不难解释为何它代表着生长、生命、平衡和平静。如果你见到绿灯，你便获得了前进的许可。

黑色：实际并不存在的颜色

文森特・凡・高曾将黑色描述为“颜色的女王”，尽管从物理学家的角度来看，黑色根本就不是一种颜色。黑色的表面吸收了大量的光线，使其看上去优雅、经典而且高级。

白色：优质的象征

与其他颜色相比，白色（正如黑色）严格来说也算不上一种颜色。尽管如此，白色在人的印象中依旧象征着纯洁、光明、真理、纯真以及完美。

银色：具现代感的颜色

作为贵金属，银总被认为是亚军，是次于金的存在。但就色彩而言，银色在商业中的地位要优越得多。它代表着活力、优雅、价值与进步。

金色：华丽的颜色

对贵金属的狂热追捧赋予了这种颜色名字。它总是与财富、奢华和权力相关，但也透露出保守的态度和铺张浪费的倾向。

每个人都有适合自己头发、眼睛和皮肤的颜色，产品也是一样，有些颜色较之其他颜色更为合适。色彩奠定了产品特质的基调，比方说，它们能使之更加闪耀夺目、年轻、成熟、温暖、冷酷、真实、优雅、廉价、经典，更富有科技感或未来感。色彩可以加强外观上的联想或形成与之鲜明的对照。哪怕是法拉利，在用绿色替换掉标志性的法拉利红后，也会显得温顺。

在选择产品颜色时，拟销售和推广的地区应是重要的考量。例如，在欧洲，白色象征着纯真、洁净或智慧等正面品质，但在东亚或非洲则截然不同，在这些地区，白色是死亡和悲伤的颜色，由此穿着一身白的欧洲新娘在这些地方一下子便会被认为是悲痛的寡妇。说到白色，你知道公牛实际上是分辨不出红色的吗？它根本不在乎斗牛士手里拿的是不是特制的红布，真正吸引它注意力的其实是布料的激烈晃动，也就是所谓的“穆莱塔”（muleta）。早期的斗牛中，使用的是白布。但由于斗牛的场面过于血腥，后来便换成了红布。尽管这并不能解决实际问题，但至少看上去不再那么野蛮残暴了。

事实上，红布对人类的影响更为显著，哪怕并没被挥动。红色能吸引我们的眼球，因为它是电磁波中波长最长的可见光。因此，红色常作为一种显眼的颜色，用于标志、嘴唇

SPECIAL
OFFER

和跑车等。慕尼黑工业大学曾做过一个研究，在实验中，他们让测试对象听德国特快列车ICE驶过的声音，同时在屏幕上看不同类型的列车经过。尽管他们听到的是同样的声音，音调也从未改变，但当被问起时，测试对象声称，红色列车的声音最响、速度最快。

另一个表现色彩联想力量的绝佳案例要数牛仔裤。牛仔裤与蓝色有着密不可分的关联。当李维・斯特劳斯（Levi Strauss）于1847年从德国弗兰肯迁往美国旧金山时，他唯一的目标就是要为淘金者们制作结实耐穿的工作服。他将从法国一个叫尼姆（Nimes）的城镇进口而来的耐用布料称为“丹宁”（denim），意即“来自尼姆的”。靛蓝染料赋予了它标志性的蓝色。接下来的故事大家都知道了，牛仔裤如野火般从一个国家蔓延到另一个国家。任何人想为自己的产品增添弹性的外观，都可以借用牛仔裤的概念。蓝色看上去极其耐磨、耐穿，不仅仅是牛仔裤的缘故，还因为在20世纪初，巴斯夫（BASF）采取了用合成靛蓝为布料上色的方法，于是几乎所有的工作服都被染成了蓝色。工装裤、长袍或围裙，如今世界各地许多工作服依然是蓝色的。蓝色与工作之间的联系是几个世纪以来历史演变的结果。

还有一种色彩联想是通过痛苦的经历获得的。要小心那些黑色和黄色的东西，条纹尤甚——曾被黄蜂蜇过的人或许明白其中的道理。其他一些有毒的危险生物也使用这种色彩组合来吓退潜在的攻击者。因此许多警示标志都采用这些颜色，以此来警示辐射和爆炸物等危险。

色彩组合

当使用超过一种颜色时，一定要注意搭配得宜。产品的不同部件使用不同颜色时，也是一样。即使是同一产品的不同颜色系列，其组合变化也必须和谐。当一个产品系列被陈放到一起——比如摆在货架上售卖——它们之间所展现出来的细微差异应该是协调的。在汽车工业中，汽车的涂层颜色总是统一协调的，以确保在汽车一起展出时能呈现出一幅和谐的整体画面。那么，怎样才能搭配出令人身心愉悦的色彩组合呢？方法可不止一种，我将在接下来的部分中一一介绍。

同系配色

创建颜色家族

第一步总是从选择基本色开始，在此，我们以橙色为例。第二步，我们需要根据强度变化调制出一系列的橙色调，主要是通过调整红色的纯度和明度。这些色系——正如人类家族——彼此之间拥有惊人的相似度，这对于为产品创建一个具象实体来说非常重要。通过细微调整得出的连续色阶，我们可以避免风格上的不一致，从而得出最佳的效果。

色调

保持色调协调

要从不同色系中创建出和谐的颜色序列，可以参考色调。色调，即拥有相同明度的不同颜色的集合。与创建色系不同，这次我们首先要选出不同的颜色，然后相互调整。比方说，红色和蓝色是两种不同的颜色，但可以拥有相同的色调。选择颜色时，我们可以选择蓝色和黄色这样的互补色，也可以选择色相环上相邻的颜色，如红色和橙色。当需要两种以上的颜色时，要注意保持色调的一致。在这一点上，六边形色相环可以提供帮助。

互补色

互补色(Complementary Colors，源自拉丁语“complementum”)是色彩理论中的一个概念，相反的颜色可被指定为互补色。当一种颜色与其互补色混合时，将得到中性灰色调。即使没有精准符合技术和工业标准（如 RGB，CMYK），两种颜色也能成为互补色。

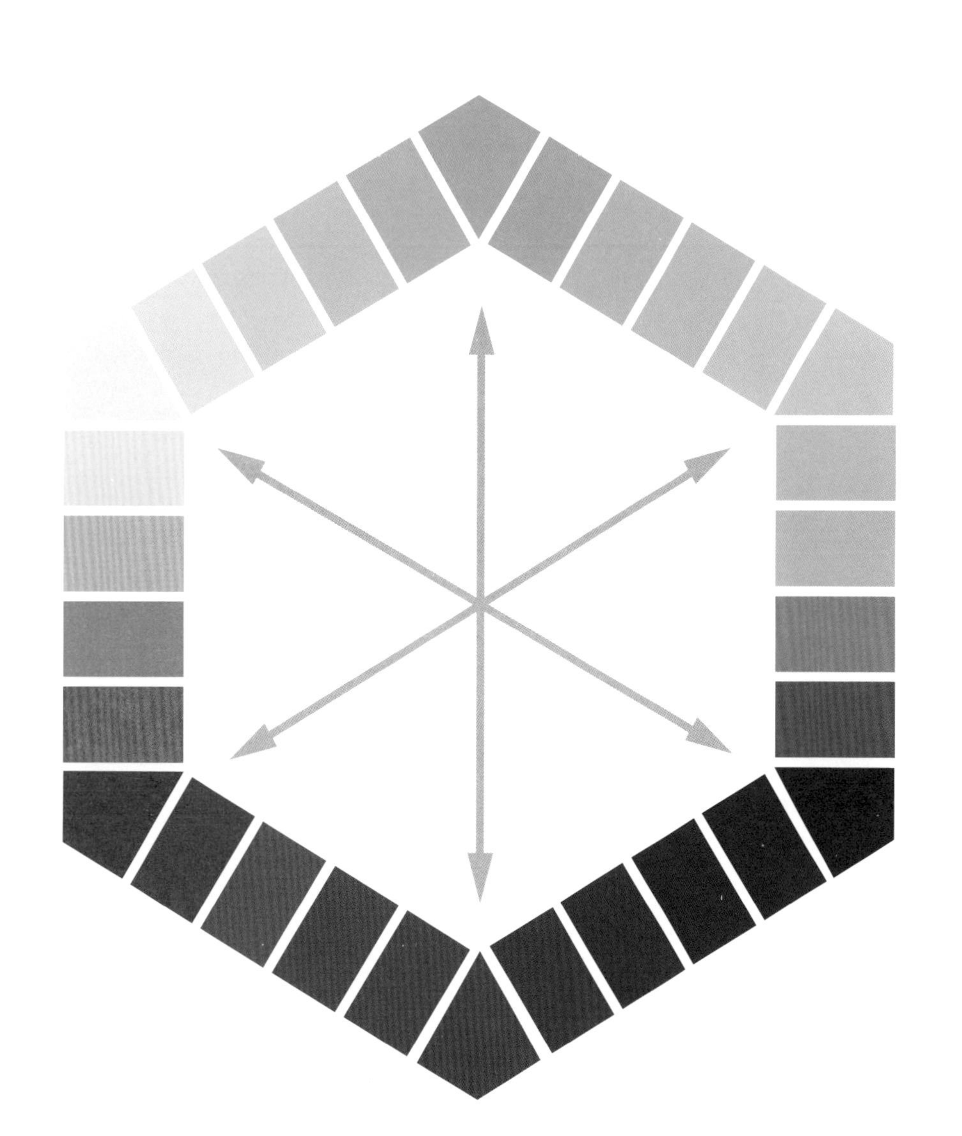

六边形色相环有助于颜色的归档。它的六个角分别对应原色红、黄、绿、青、蓝、紫，中间则是相邻两角颜色的混合色。模型内部的三角形指向红、绿、蓝三种独特色彩，也指向黄、青、紫三种其他原色。六边形左侧为暖色，冷色则聚集在右侧。绿和紫构成了冷暖的交界。

自然色

一个取之不尽的灵感源泉

印度虎、澳大利亚珊瑚礁和德国草甸之间有什么相似之处？答：造物主。它们都是由大自然创造的，当谈及颜色，自然有千百万种可能，绝不会千篇一律。一个人要寻找色彩的灵感，只须睁大眼睛四处转上一圈，在公园里漫步，在草地上野餐——到处都有搭配得宜的颜色。在自然中获取的颜色不仅有助于创造出美丽的组合，而且这些颜色也被认为是真实的——因为它们是这个世界上最自然的颜色。

右侧配色取自海星。

C 5 | M 0 | Y 90 | K 0
R 252 | G 234 | B 0
潘通色号 101 C

C 0 | M 40 | Y 100 | K 0
R 247 | G 166 | B 0
潘通色号 130 C

C 0 | M 0 | Y 70 | K 0
R 236 | G 102 | B 2
潘通色号 158 C

C 71 | M 100 | Y 0 | K 0
R 109 | G 33 | B 130
潘通色号 2612 C

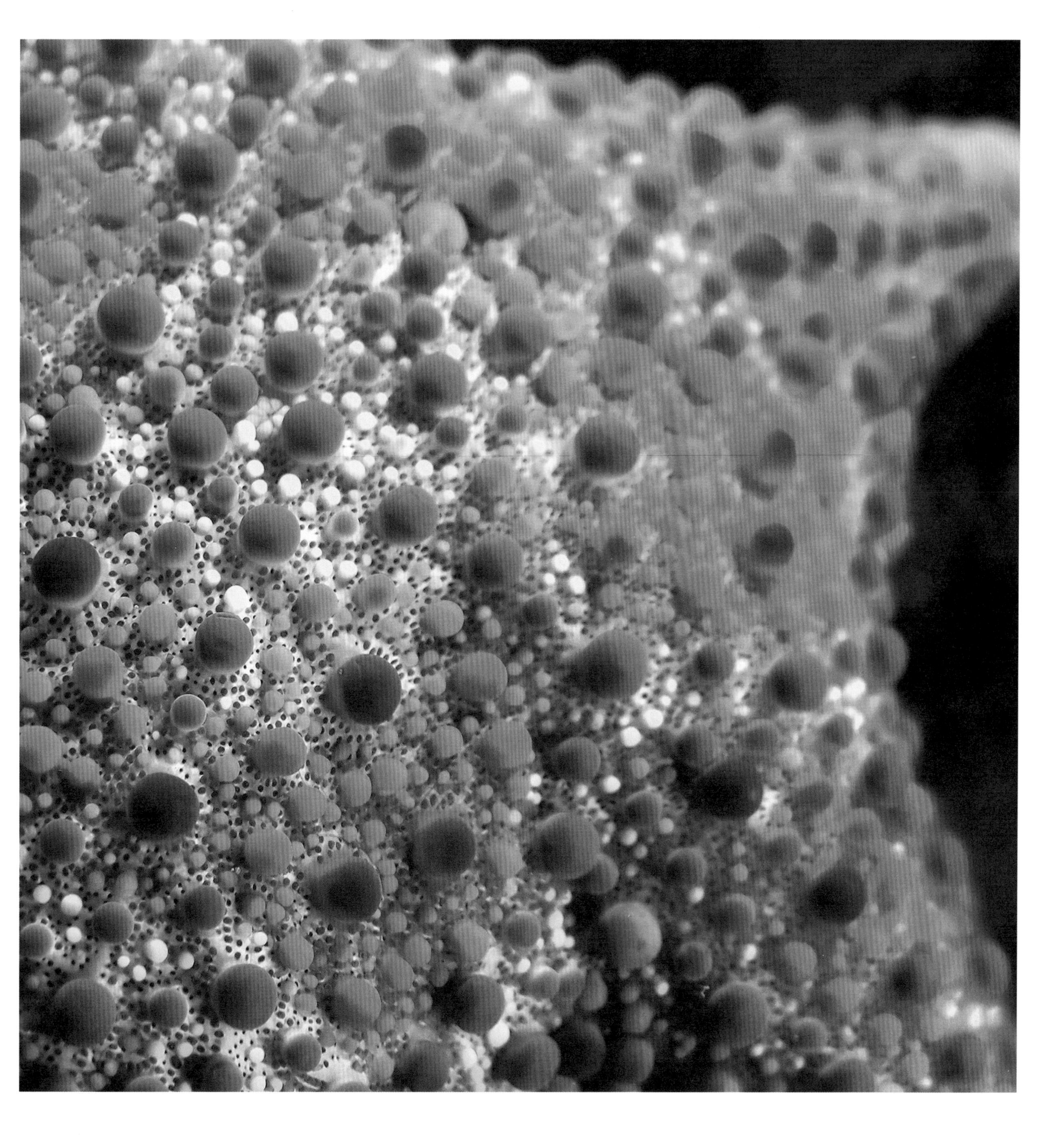

表面特征与触觉

"模仿其他材料的表面是一种欺骗。"

材料的光泽度如何？摸上去感觉怎样？这是两个在工业设计中极其重要的问题。有一个简单的方法可以帮我们快速对材料的表面进行分类。

· 附有涂层，如漆、颜料、橡胶涂料等；

· 化学处理，如电解；

· 物理处理，如抛光、喷砂、刷涂。

要从艺术和触觉两个方面来塑造表面，须考虑以下两点：

耐久性

精益求精才能长久。举例来说，由于摩擦和磨损，喷砂表面可能会显现不均匀的光泽，长久经受机械磨损的电解表面也是如此。每件承受机械应力的物品，如螺钉、工具或健身器材，必须制作得足够精良，以便长时间使用。

真实性

表面不应伪装成别的材质。塑料经常被涂上金属涂层，但简单的触碰就能向我们揭露真相。这样的产品看上去像假冒伪劣一般。当涂层最终被刮掉，塑料显露出来，曾经赏心悦目的效果就会变得廉价而让人失望。更糟糕的是那些木头或皮革的仿制品。当使用一种材料时，我们应对自己的选择充满信心，而不是将其隐藏在其他的表面之下。

视错觉

制造假象

“幻想是日常，而非例外。”

眼见不一定为实。我指的可不仅仅是第二杯红酒下肚后，而是每时每刻。广泛存在的视错觉现象表明，我们认为我们看到的和我们实际看到的，经常是完全不同的两码事。这种惊人的现象可能会导致认同危机，但我们也能加以利用，让产品变得更好。视错觉存在于所有的视觉感知领域，例如，深度错觉、色彩错觉、几何错觉或运动错觉。它是怎么运作的呢？简单一点说，我们的大脑偏向于简化我们的生活。当重建画面时，这种偏好导致大脑对所接收到的参数仅进行基础的分析，然后便将感知的信息分门别类地收好。这一原理在我们的日常生活中运行良好且合乎情理，但缺点在于，这些偏好——比如在现实生活中——并非总是对的。

举个简单的例子：

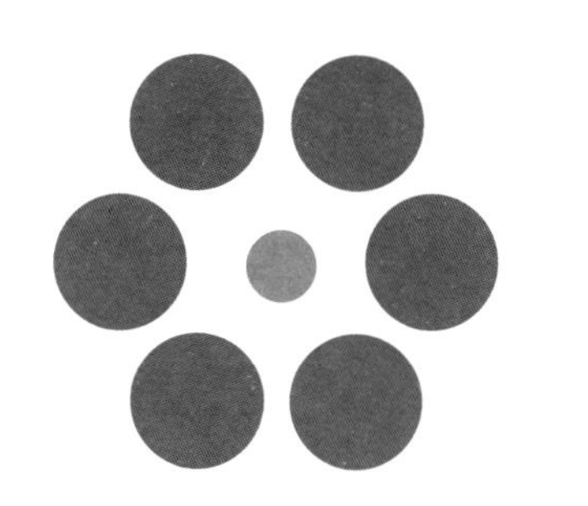
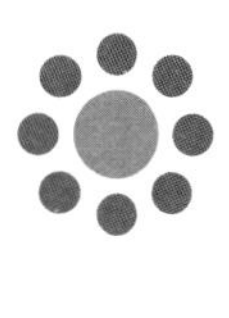

对照之下，我们会感觉两个图形的大小尺寸不同。

看着这两个橙色的圆点，不要作弊：你是否看到了大小的不同？如果你看到了，那么你实际上看见了并不存在的差别。请随意测量，你会发现这两个圆点大小完全一样。为什么我们会觉得它们并不相同呢？我们大脑中的部分图像处理程序，是以与其他元素的对比作为构建基础的，尺寸大小并不仅仅依据绝对关系来建立，还取决于与周围环境的相对关系。左边的图片中，橙色圆点被更大的灰色圆点所包围，因此看上去显得很小；右边的图片中则刚好相反，灰色圆点是橙色圆点的一半大小，因此橙色圆点看上去显得更大。

这些感知错误不仅出现在几何学中，也出现在明暗、颜色等对比中，甚至更多地出现在味觉等其他感官上。当吃过甜的，再吃酸的，酸味就会比平时更加浓烈；冷饮过后再喝热饮，热饮感觉会更烫。而能力一般的老板可能会通过雇佣能力更差的员工来让自己显得优秀。

单一的颜色区域在颜色渐变的背景下，看上去也有了变化。

看上图中的条纹。即使在整个条形区域中都是同样深浅的灰色，唯一的渐变色是条纹后的背景区域，但我们仍明显感觉到颜色的渐变。

在工业设计中，最重要的是几何错觉。我们可对其加以运用，比如，让物体拥有更苗条的外观。在下面的图片中，中间的黑色条纹是如此突出、吸睛，上下两面的银色几乎从视线中消失了，这个移动硬盘因此显得更加纤薄，并（有意或无意地）与产品特质相关联，如“现代”“紧凑”和“轻便”。

方（Square）

移动硬盘“方”可以满足人们对高质量移动硬盘的所有要求。由于其顶面、底面均为曲面，所以看起来很薄；优质的不锈钢外壳亦能保护硬盘不被刮花；而合成材料制成的外边框可以保护硬盘在不慎摔落时免受损害。

艺术气息

“条条大路通罗马，但只有一条值得一行。”

艺术和设计是近亲，但同时又是如此不同。工业设计的很多规则和准则，与艺术原则截然不同。艺术生而自由，勇于打破束缚。有拉丁格言道：“艺术没有规则。”艺术是自由的，而设计不是。

这不应让工业设计师感到难过。事实上，他们的创造性因此而倍受鼓舞，最大的挑战是如何利用最小的舞台来逃避实用主义。

再看看大自然吧。一方面，一切都经过周全的考虑，运转良好，相互之间配合完美。这是一个极妙的整体系统。另一方面，我们必须承认，设计大自然的人，本可能相当务实和无聊。艺术气息甚至也存在于自然界中。

一个有趣而复杂的观点是，这些艺术气息仅能被感知到一小部分，甚至根本没有。有一点可以肯定：每一件设计都是设计师的心血投入。形象地说，一个设计师会在草图中注入一部分灵魂。正是这一点点设计上的与众不同，让某件产品在所有功能相同的产品中脱颖而出，被顾客选中。人们能感受并珍视设计师投入产品的热情，不过，即使被问到，他们多半也无法用语言描述为什么会选中这件产品而不是其他。艺术气息就飘荡在一笔一画之间。

艺术创造中最重要的是：

- 勇于制造创造性混乱；
- 乐于发起挑衅；
- 善于打破传统思维。

娱乐性让产品别具一格，并具有特征辨识度。它让产品变得讨人喜欢，从而在竞争中脱颖而出。回想一下，我们爱着的那些人，尽管不完美，但也有他们的独特之处。

最后，千万别忘记：不要浮夸！否则艺术将沦为媚俗。天才与疯子往往只有一线之隔。

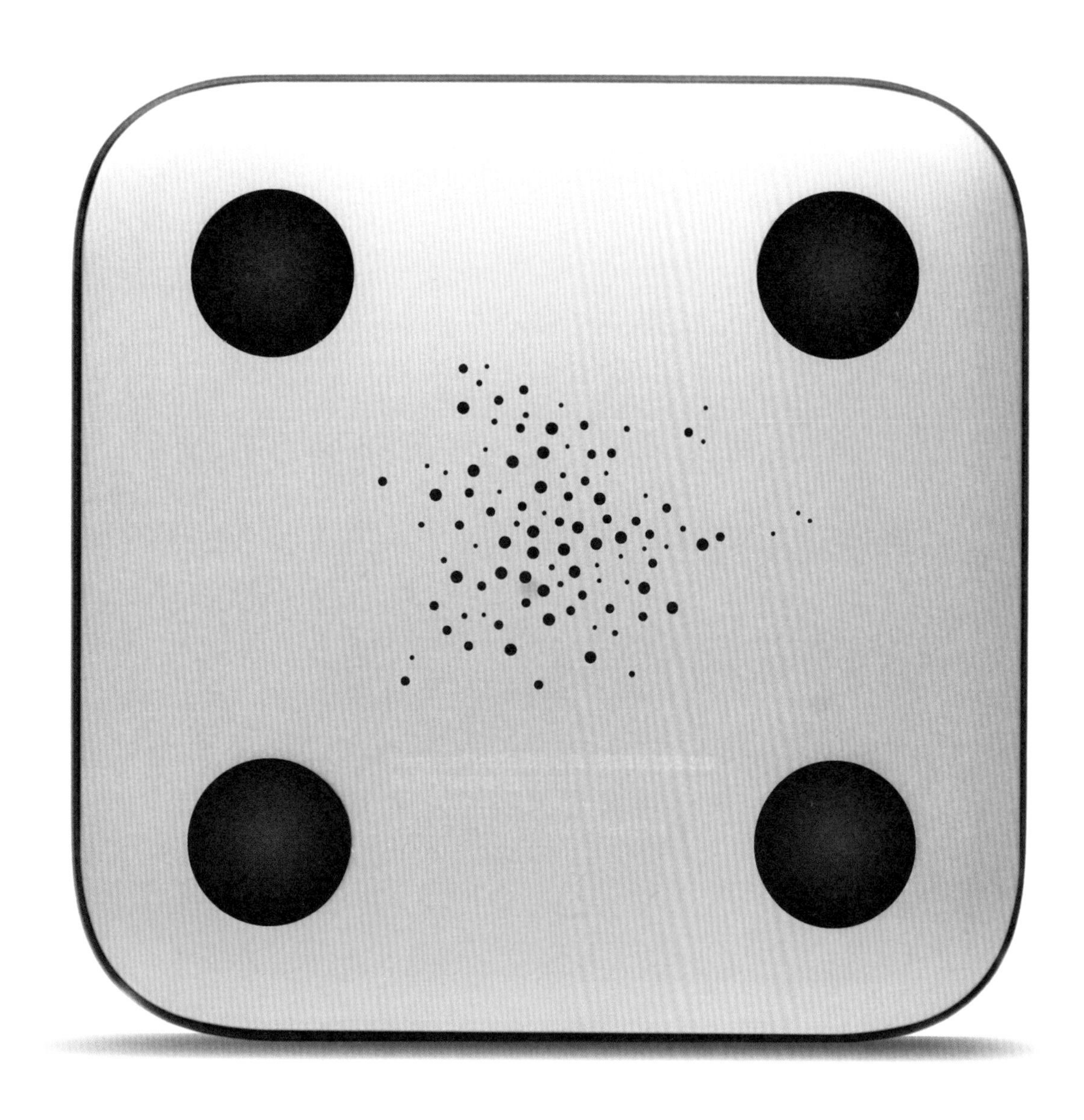

底面通风孔的排列是乱序的而非有序。

第四章
材料

若未深入了解所用的材料，将在生产制造过程中寸步难行。

人无完人

材料就像人类——它们有自己的优缺点。有的坚硬，有的柔软，有的易弯曲，有的一厘米也别想扳动。除了传统材料，还有新材料，这个话题要是展开来讲就太复杂了。因此，接下来，我将着重介绍工业设计中几种重要的材料特性。

机械性能

强度

有弹力

简单来说，强度是指材料承受外力而不会遭到损坏或产生不可逆变形的能力。尽管弹性变形是可恢复的，但塑性变形是不可逆的，在外力移开后，材料也无法回到最初的状态。材料的强度可用使其达到不可逆变形状态所需的力来衡量。根据力的方向，可分为抗拉强度、抗压强度和抗弯强度。

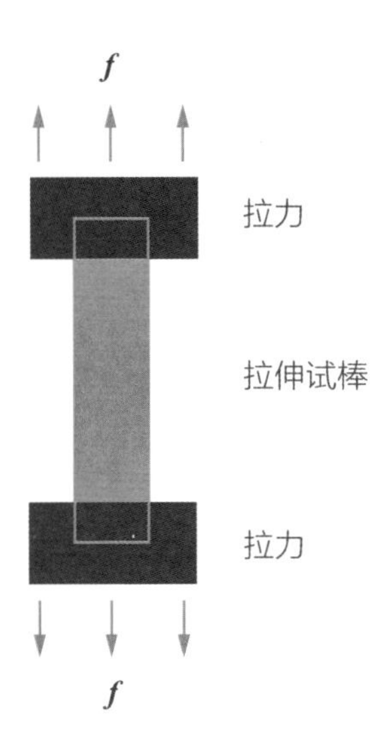

抗拉强度是指材料在拉力作用下抵抗破坏的最大能力。

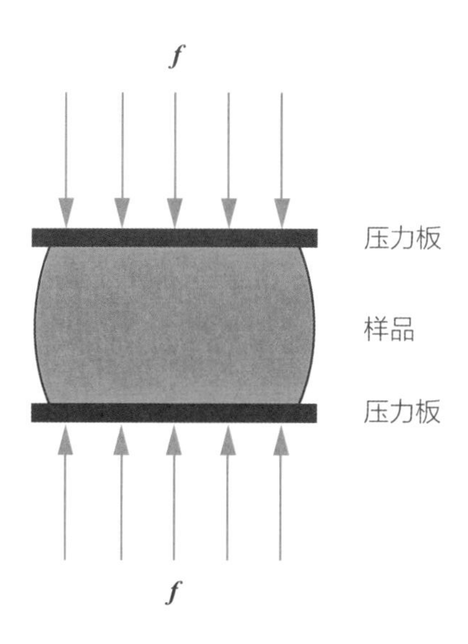

抗压强度是指材料在压力作用下抵抗破坏的最大能力。

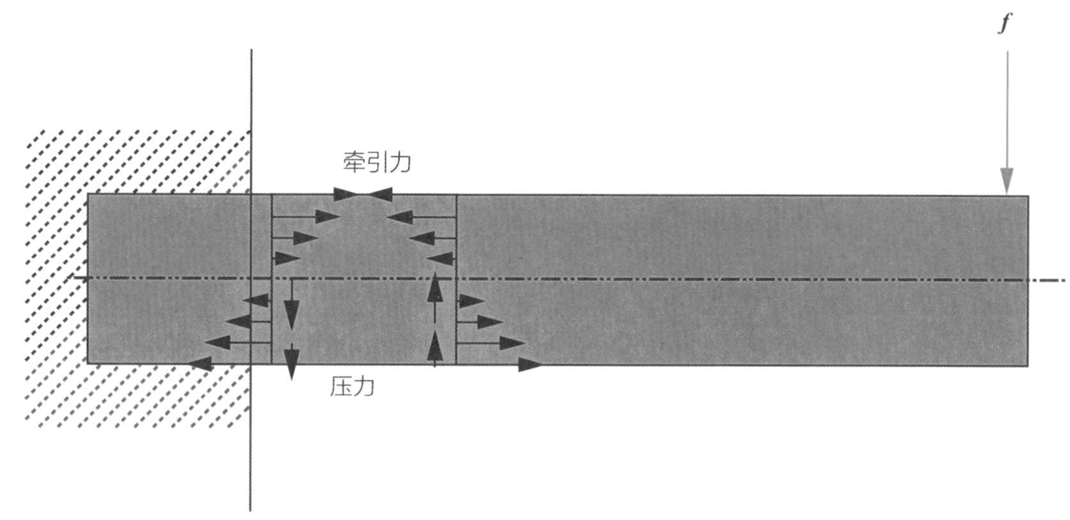

抗弯强度是指材料抵抗弯曲而不断裂的最大能力。

人们或许会认为，在同一种材料中，抗拉强度、抗压强度和抗弯强度这三种强度都是相同的，有相同的效果，并产生相同的抵抗力。但事实并非如此。有一个简单的例子可以证明作用力的方向对材料的不同影响。一根粉笔的抗弯强度非常之低，轻微的弯曲就足以使其“啪”的一声折断！这种情况被称为“材料失效”。当被弯曲时，粉笔顶部受到的牵引力和底部受到的压力会导致其断裂。粉笔无法抵抗牵引力，上部易折断，一分两半。即使经过相当程度的压缩，也无法使这根粉笔复原。你有没有试过仅靠手指挤压来折断一根粉笔呢？这几乎是不可能的，粉笔的抗压力非常强。因此，为了实现高水平的抗弯曲性，材料需要能够同等地承受牵引力和压力。鉴于弯曲力往往是牵引力和压力的组合，如果这两项强度中有一项稍微跟不上，材料就会容易断裂。

类似的情况还出现在混凝土中——但体积更大。混凝土无法长时间抵抗拉力，如果建筑商没能找到水泥和钢筋结合的办法，那么水泥房将不复存在。在拉力作用的地方，钢筋被嵌入结构用于保护。钢筋与水泥一起，具有极强的抗拉强度。这表明不同材料的组合通常能优化性能，取长补短。

当然，我们必须考虑这两种材料在其他方面是否也能协同工作。这就像婚姻，不仅要考虑优缺点，还得在日常生活中保持良好地运转。就水泥和钢筋的组合来说，几乎是完美的。钢筋其实有一个很大的弱点：不论时间长短，它都会被腐蚀。但有了水泥，这就不再是一个问题，因为水泥的碱性会阻止任何腐蚀。其次，水泥和钢筋的热膨胀系数基本相同，也就是说，当温度升高或降低时，它们将以相同的幅度伸长或缩短。若非如此，钢筋混凝土结构将因温度变动而受损——以此为材料建造房屋也将成为一个相当糟糕的主意。但既然彼此相似且工作合拍，它们便“成就了一段美满的、患难与共的婚姻”。

硬度

撑起门面

硬度和强度听起来像是一个意思。这两种材料特性的相似之处在于，它们均表示对外力的抵抗，但两者之间仍有差异。硬度还包括物体承受磨损的程度，如坚硬的眼镜和手表玻璃面可以抵抗划痕并保持长久的美观。有不同的检测程序来检验材料的硬度，最有名且最常用的两种是洛氏（Rockwell）硬度和维氏（Vickers）硬度。

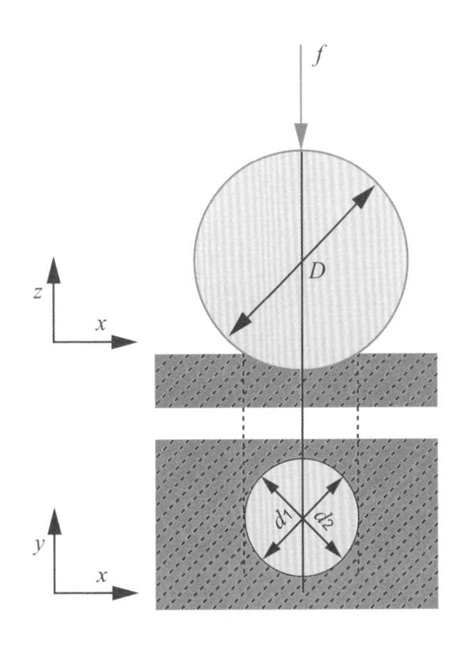

硬度是指材料抵抗较硬材料压入其表面时的机械阻力。

洛氏硬度分析法

洛氏硬度用于测定金属材料。用一定的压力将压头压在材料表面上，压痕深度越浅，材料越硬。洛氏硬度以 HR（Hardness after Rockwell）衡量。

根据被测材料，我们会选择不同的压头，这可以从洛氏硬度的单位中直观地看出。例如，当使用钻石头的锥形测试探针时，单位为 HRC。一把 Nirosta© 不锈钢刀的刀锋硬度大约是 53HRC，相比之下，一个齿轮轴的硬度“仅”为 48HRC。100HRC 的钻石是衡量所有材料硬度的参照标准。

维氏硬度分析法

维氏硬度用于测定从铝到碳化钛等一系列硬质材料的硬度。其用一定的压力将金字塔形的钻石压头压在材料上，将留下的压痕放到显微镜下测量，基于压痕对角线的长度（d_1，d_2）来计算硬度。柔软和坚硬的材料均使用同样的压头测量。维氏硬度以 HV（Hardness after Vickers）衡量。举两个例子，日本武士刀的硬度约为 600HV，碳化钛的硬度略高于 3200HV。这意味着，碳化钛作为表面涂层材料极具价值。

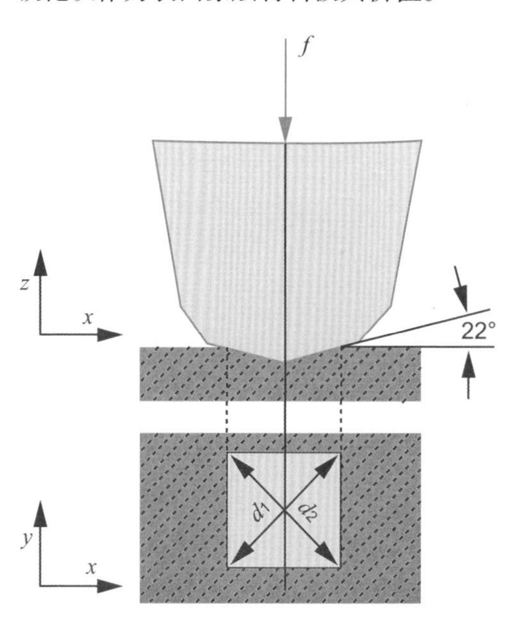

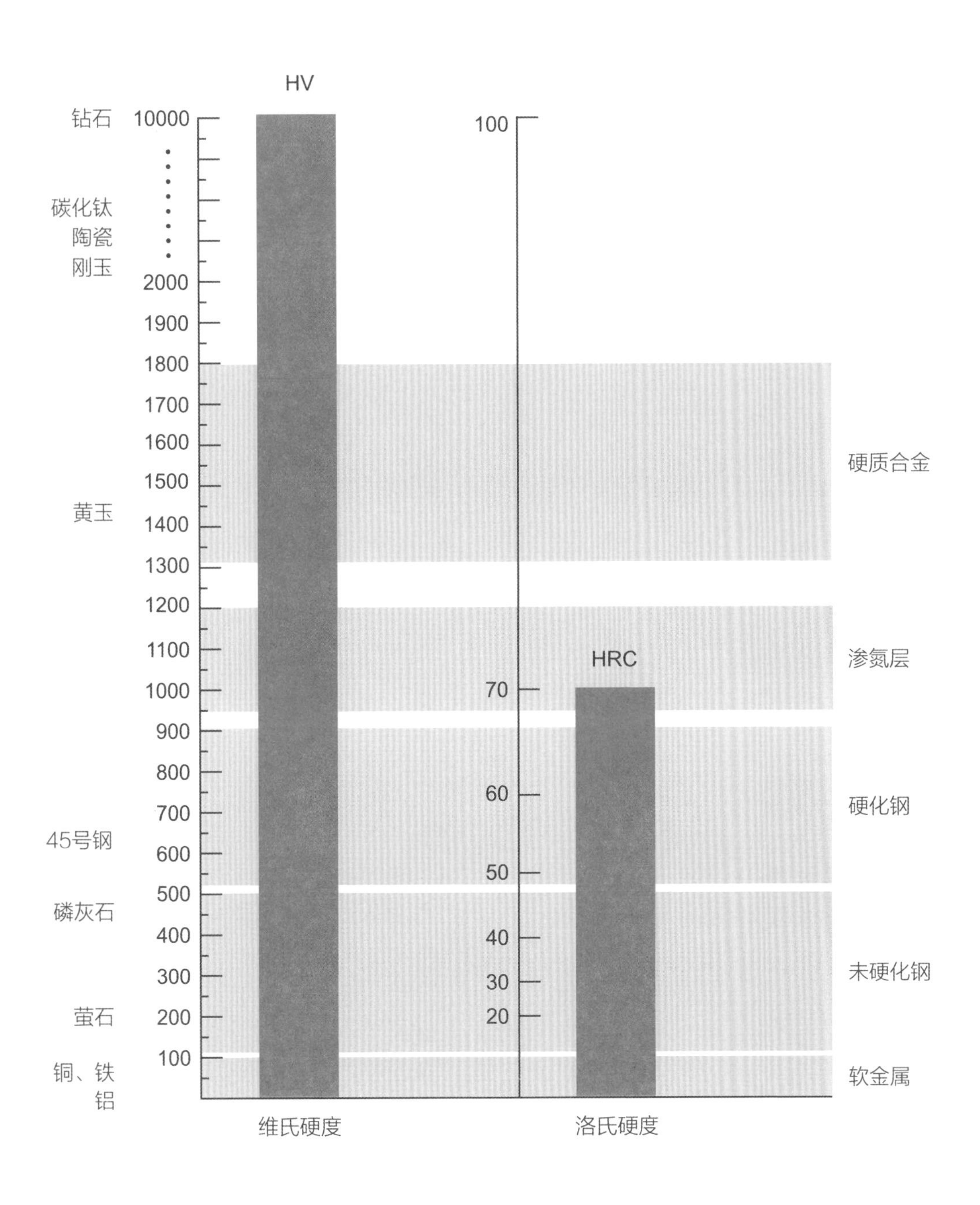
HV
钻石
10000
碳化钛
陶瓷
刚玉
2000
1900
1800
1700
1600
1500
黄玉
1400
1300
1200
1100
1000
900
800
700
45号钢
600
500
磷灰石
400
300
萤石
200
100
铜、铁
铝
100
HRC
70
60
50
40
30
20
硬质合金
渗氮层
硬化钢
未硬化钢
软金属
维氏硬度
洛氏硬度

肖氏硬度

一般情况下，弹性材料和塑料比金属或矿物质等其他材料更为柔软。因此，需要一种更加轻柔的方法来测量它们的硬度。1915 年，美国的艾伯特·肖尔（Albert Shore）发明了一种测量弹性体和橡胶聚合物硬度的新方法，这种方法以他的名字命名为“肖氏硬度”。肖氏硬度测量装置包含装有弹簧的硬化钢钢钉，被测材料上的穿透深度显示出它的硬度。根据钢钉的形状和使用的弹力大小，可分为 A、B、C、D 四种肖氏硬度测试。大多数时候，测试使用肖氏硬度 A 或肖氏硬度 D。在肖氏硬度 A 中，施加在材料上的力为 12.5 牛顿，在肖氏硬度 D 中则为 50 牛顿。在肖氏硬度 A 中，钢钉具有扁平的尖端；在肖氏硬度 D 中，钢钉为锥形尖端。肖氏硬度 A 用于测量软橡胶的硬度，肖氏硬度 D 用于测量弹性体等较硬的塑料。由于合成材料受温度影响很大，因此每次测量应在 23℃ ±2K 的温度下进行。肖氏硬度的数值在 0 到 100 之间，材料数值越大，硬度越高。

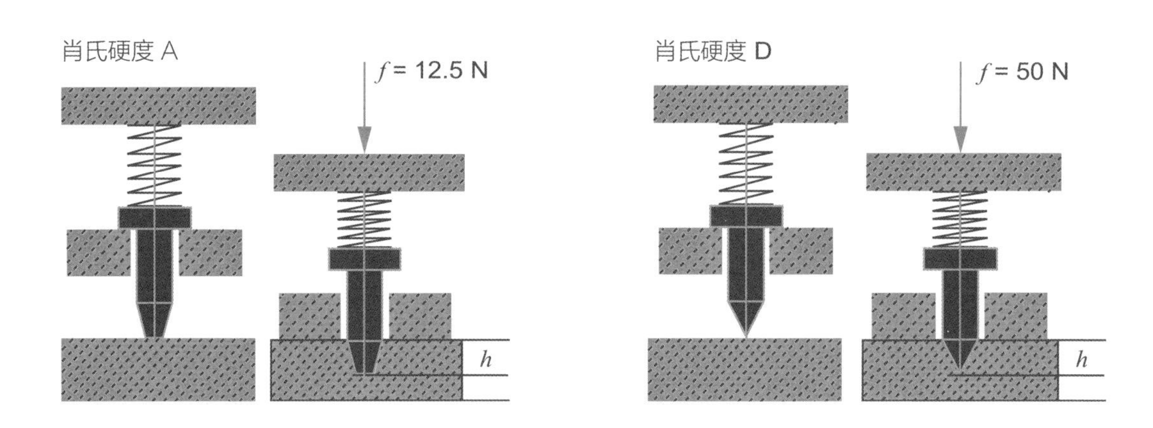

肖氏硬度 A 使用 12.5 牛顿的力，肖氏硬度 D 使用 50 牛顿的力。钢钉在肖氏硬度 A 中是扁平尖端，在肖氏硬度 D 中是锥形尖端。

材料	肖氏硬度A
明胶	0
小熊软糖	10
汽车轮胎	50—70
硬塑料	100

材料	肖氏硬度D
ABS	75—80
PP	65—75
PC	82—85
PS	80
PVC-U	75—80
PMMA	87—88
PE-LD	40—50
PE-HD	50—70
POM	79—82
PA 66	80
PA 610	78
PA 612	75—80
PA 66/GF	85
PP/GF	70—75

Neolog A24

表壳由不锈钢制成，表面覆碳化钛，两种材料结合使表面硬度约为 3200HV。

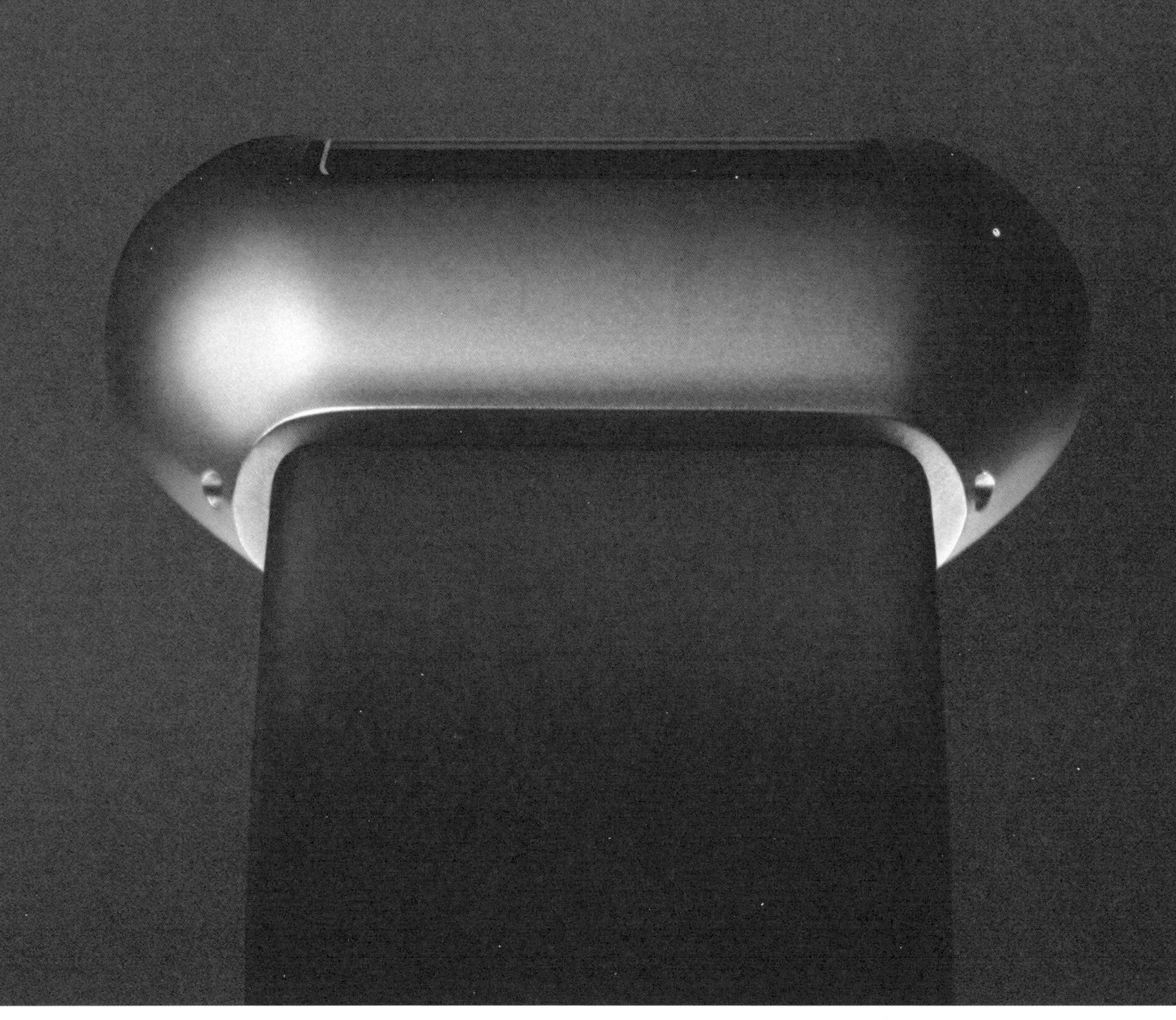

弹性

不断地来来回回

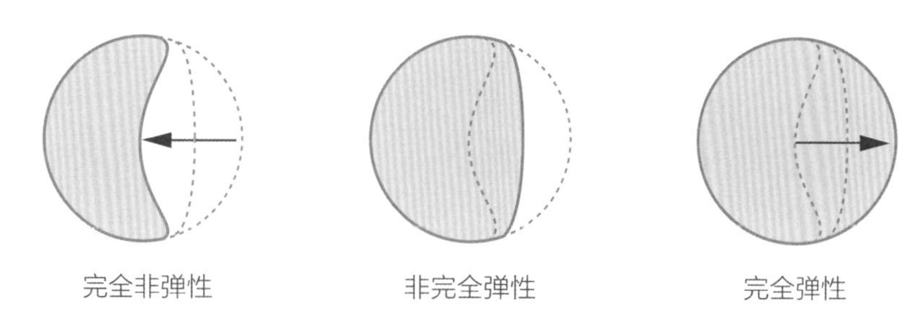

弹性是一种材料特性，指对作用中的一定外力做出可逆反应。

金属螺旋弹簧象征着无与伦比的弹性。在压力下，它会改变形状，但在外力消失的瞬间，螺旋弹簧又会恢复最初的形状。弹性是材料的重要特性。许多弹性材料——如合成材料 ABS——几乎应用于我们日常生活中遇到的每一种产品。材料的弹性，即它弥补轻微变形的能力，在工业设计中有多种应用。有时，它可以替代较为昂贵和复杂的机械结构，例如洗发水瓶的瓶盖锁扣。由于有弹性，锁扣可以轻松地打开和关闭。因此，塑料的使用有很大的价值。塑料的另一个优点是，在遇到重击时会变形。通过变形，冲击的作用时间会被拉长，同时接触面会增大，这能减缓碰撞过程中的最大冲击力，从而降低伤害。这种效果不仅应用于精神科病房的橡胶室，也应用于其他许多产品。

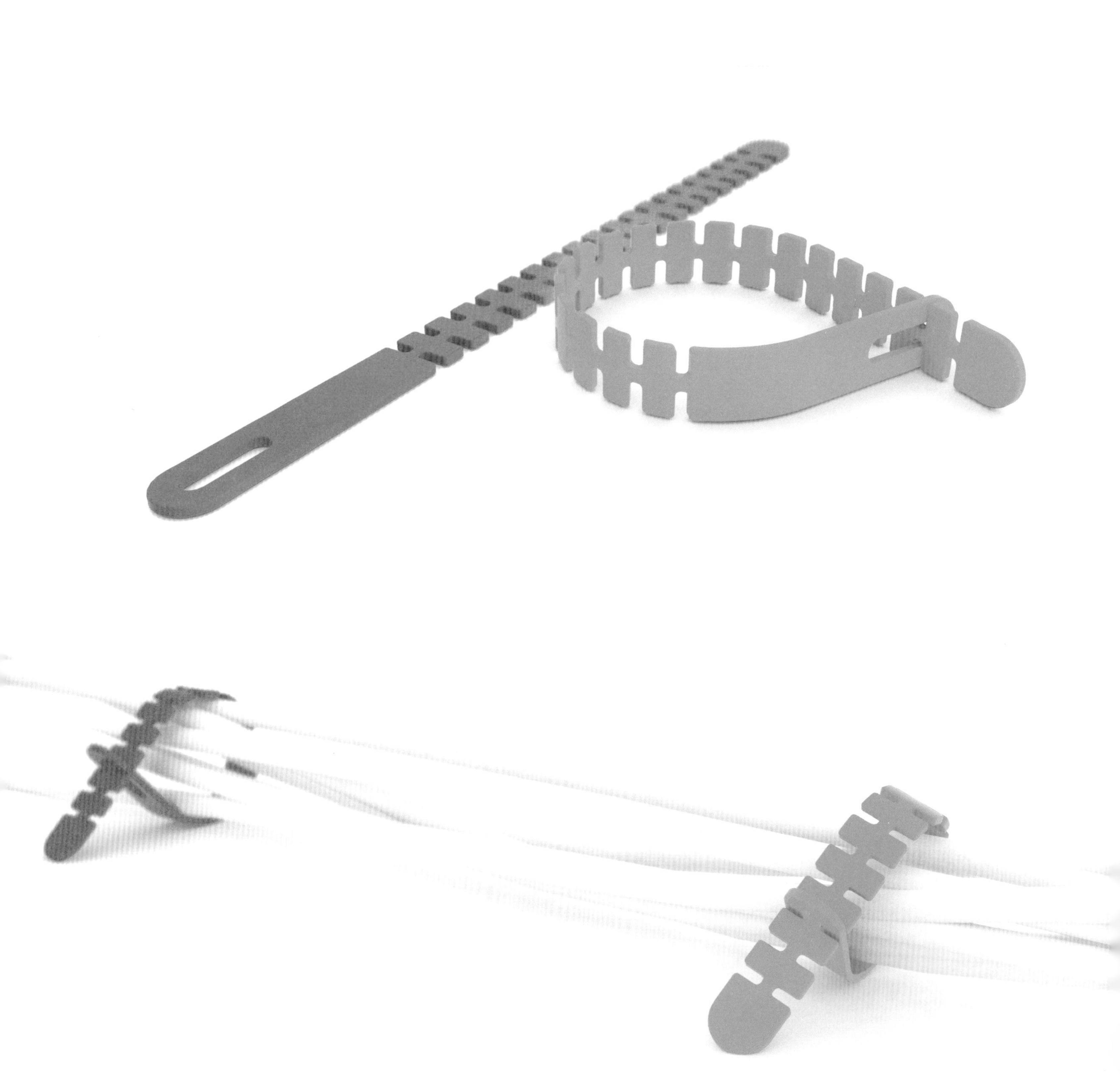

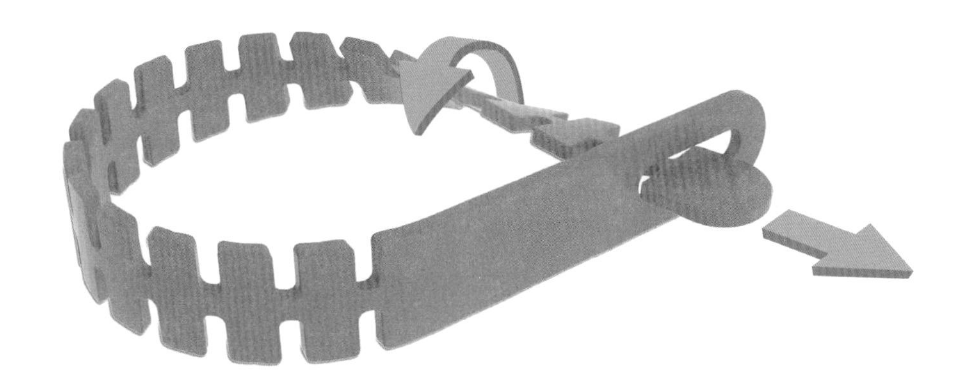

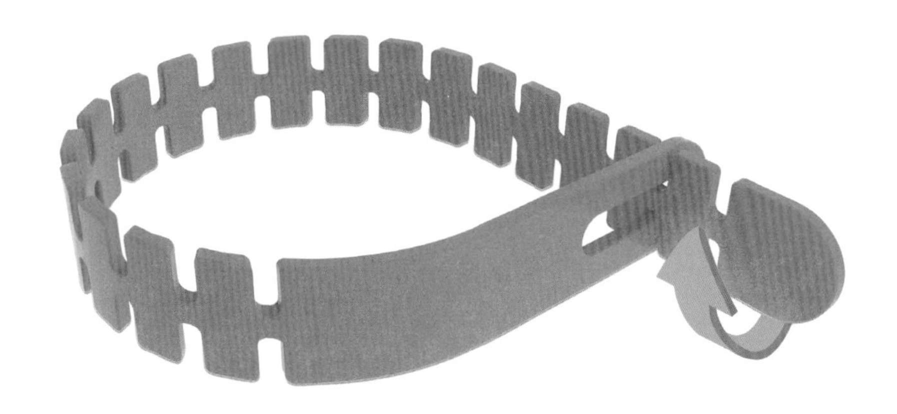

骨形束线带（Boneband）

骨形束线带是一款应用材质特性以取代复杂紧固结构的束线带。材料的弹性保证了束线时的紧固，且想要拆开束线带时亦可解开重复使用。

密度

一种简单的稳定方法

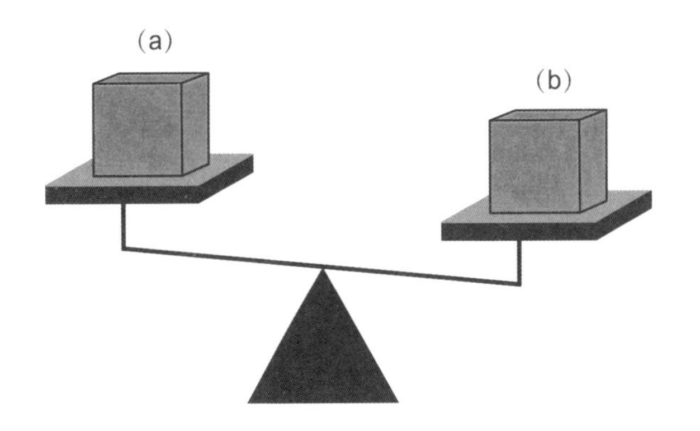

密度描述的是材料的质量与体积之间的关系。

材料（b）与材料（a）体积相同，但质量更大，因此我们可以得出结论，（b）具有比（a）更大的密度。密度是效能的重要标志，它定义了重量和体积之间的关系。许多领域都需要强度高且重量轻的材料。例如，一级方程式赛车的单体壳车身具有非常稳定的底盘，能承受高达 322 千米的时速，它的结构由碳纤维增强复合材料制成，不仅比从前倍受青睐的铝材料轻得多，还具有非常特殊的刚性特征。

通常，材料的密度决定了它的用途。相比其他材料特性，密度决定了材料的效能。比如一辆自行车，其车架应坚固耐用，能抵抗张力，且要尽可能轻。一辆由 316L 不锈钢制成的自行车会非常稳固，但过于重了，许多骑车的人无疑在短时间内就会失去对它的兴趣。现代的替代品是凯夫拉（Kevlar，一种芳纶纤维材料）和碳纤维——它们能提供最大的稳定性和最小的重量。

化学性质

和其他物质一样，材料也有生命周期。它们会受到紫外线、热量和湿度等环境因素影响而发生变化，同样也受振动、挤压或牵引产生的持续应力影响。长期经受这些，可能导致功能受损。因此，在选择材料时，化学性质也是考虑的重要因素。

"每种材料都有自己棘手的领域。"

主要的化学性质有：

· 防紫外线

· 耐湿

· 热稳定

· 易燃

· 半透明

· 耐腐蚀

我们以木材为例。木材是大自然的神奇材料，坚固可加工，天然可降解，美观且无毒。但遗憾的是，它并不完美，它会逐渐变形。这要归咎于木材的吸湿性，木材会吸收周围环境中的水分，导致出现因膨胀和收缩引起的变形。结果是，一张漂亮的木桌在使用几年后就会变得摇摇晃晃，实木窗再也无法紧密地合上。许多合成材料，如 PP 和 APS，也会随时间发生变化。塑料壳会变脆，并呈现出一种不健康的黄色，这就是塑料常被视为廉价品的原因。为了防止周遭自然环境对材料造成影响，我们可对其进行预处理。添加剂可以改变合成材料的特性：增塑剂能防止脆化和硬化；稳定剂可延长使用寿命，并保护产品免受氧化、紫外线等影响。甚至木材的特性也能通过预处理得到改善，比如使用木材改性剂 TMT、长时间堆放，或使用紫外线辐射进行预处理。

材料加工

“一件产品不仅本身要好，还得易于生产。”

除硬度和弹性外，对产品来说，还有一些必不可少的材料特性，比如，在连续生产中将材料塑造成所需形状的能力。只有当材料能被轻松、精确地处理，制作成产品，才能大规模生产，并拥有一个合理的价格。

材料加工的重要标准：

可铸性

材料是否具备高流动性？铸造后是否会出现气泡或裂缝？会缩水吗？

成形性

材料能否经受长时间反复重塑？能承受轧制、锻造或其他类似的处理吗？

切削性

能对材料使用钻孔、车削、铣削或切削等加工技术吗？

复合材料，如凯夫拉或碳纤维，是选择材料时，能体现加工性能重要性的最好例子。它们具备良好的稳定性和硬度，同时又轻，这就是它们被应用于航空产业的原因。在20世纪80年代，这些材料首次用于一级方程式赛车，但汽车制造商无法自行制造零件。由于制造起来十分困难，它们被交由航空工业生产。这些高科技材料制造复杂且价格昂贵，因为它们必须在高温和极高压的特殊熔炉中制造。

生态特性

每一件产品都在持续地与世界互动。如果你想造一张木桌，就必须砍伐树木。为了得到一个塑料电脑外壳，你得将石油分散分解成微粒，以获得制造过程中所需的成分。如果一台电脑在使用数年后被丢弃，也会对自然产生影响。回收需要消耗能源，从而产生新的污染物排放。更诡异的是，富裕的国家将垃圾出口到贫穷的国家。材料的生态特性将有助于保护我们的自然资源和环境。可再生能源的使用是一个开始。木制房屋不仅采用可再生资源建造，其卓越的特性还能保证较高的生活质量。有机服装既能衬托身材，又能映照良知。选择当地的可再生材料制造产品非常关键，这不仅能缩短运输路线，还能支持当地产业发展。听起来好得令人难以置信？那么，当设计师在创造产品时，遇到因材料特性、成本或迫切想拥有它的客户而不能放弃某种特定材料的情况时，该怎么办呢？其需要更仔细地观察，因为特殊材料也存在替代品。有毒物质应该尽量避免使用，例如，许多 IT 制造商承诺在产品中减少溴系阻燃剂的使用，如今在德国，铅几乎已被全面禁止使用，这只是其中两个很小的案例。设计师可以跳出现有框架做进一步的思考，积极主动地保护环境，而不只是安于现状。

“我们应该给大自然带来更多美好的东西，而不只是垃圾。”

生态特性的重要因素：

资源

资源储备是否丰富？是否需要通过使用替代材料来节约资源？

能源消耗

制造过程需要消耗多少能源？是否有更高效节能的替代材料？

毒性

材料是否含有有毒的成分？若有，是否能在制作过程中妥善处理？有其他无毒材料可以替代吗？

回收

材料能被顺利回收吗？这个过程所需的代价是否能尽可能地减小？

神奇咒语是“组合”

“团结力量大——材料也是一样。”

工业设计师的定位类似于足球教练，需要将合适的人摆在合适的位子上，只有这样，球队才能取得胜利。正如足球运动员们彼此成就，设计中的材料也应以合理的方式发挥自身的长处，相互弥补彼此的不足。

防摔研钵（Milli）就是“团队合作”的杰出案例。陶瓷材料拥有极其坚硬的表面，但难以进行精细加工，且脆弱易碎；像塑料这样的合成材料则刚好相反，它们硬度不够，但容易成型。因此，在制造研钵时，可选择将两种材料组合起来，实现优势互补。用于研磨的区域采用陶瓷制成，而杵柄和研钵底部则由硅材料制成。硅制部件可以防止研钵在意外掉落时受到损坏，从而提升了实用价值。

防摔研钵——智能厨房助手

防摔研钵在使用时能产生必要的摩擦，其研钵和研杵的设计使研磨时两者之间的接触尽可能多，且接触面不易有黏附。研杵头表面具有下凹的坑，从而增大了接触面积，但这些坑不深。这些浅坑的边缘渐尖锐，以便增大使用时的表面摩擦。陶瓷易碎，因此只在研杵的底部和研钵的核心区域应用，产品其他部位均使用硅胶材质。

第五章
经济与生态

大海由水滴汇聚而成。

——波斯谚语

我们从小学习数学——但是为什么呢？

——［奥］艾利希·傅立特

经济与生态

经济与生态常被视为对立的两面，但这一点值得思考，或许我们能找到两全其美的办法来改变这种观点。一件经过深思熟虑的设计作品，可以通过减少材料的使用量来节约成本，保护环境，并善用自然资源。

减少材料消耗

"当使用了太多个1克，我们就已经背叛了自然。"

工业设计师要肩负很大的责任，尤其当涉及大批量生产时，即使微小的数额也可能导致巨大的成本。例如，在10万件批量生产的流水线上，每件多出10克不必要的材料，就会造成1吨的材料损失。这种情况时有发生，而通过简单有效的方法就可以降低材料成本，且不会威胁到产品的寿命和稳定性。

理想形状

设想你要为一家生产罐装意式馄饨的公司设计罐头。这个罐头应该有一个确定的容量，我们假设为0.5升；同时，根据生产方法，罐头必须为圆柱形。有无数种方式可以实现这一目标，比如，罐头可以是宽而扁的，也可以是窄而高的。

下图中的三种圆柱形均符合预设的0.5升容量。中间的形状具有最小的表面积，因此材料消耗量最少，相比其他方案所需的材料节省了约20%。当然，对于单个罐头来说，这或许只有区区几克的差别。但当馄饨罐头的年产量达到100万个时，每年的材料使用量的差异累计可达几吨。

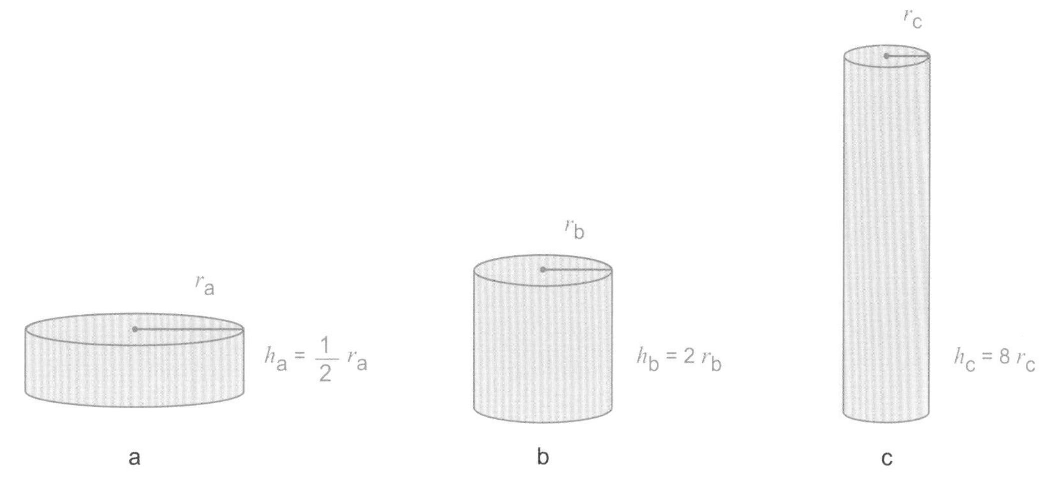

在体积相同的情况下，a 和 c 的表面积分别比 b 大 26% 和 19%。

$$V_a = V_b = V_c$$

$$\to \pi r_b^2 \cdot h_b = \pi r_a^2 \cdot h_a = \pi r_c^2 \cdot h_c$$

$$\to \pi r_b^2 \cdot 2 \cdot r_b = \pi r_a^2 \cdot \frac{1}{2} \cdot r_a = \pi r_c^2 \cdot 8 \cdot r_c$$

$$\to 2\pi r_b^3 = \frac{1}{2}\pi r_a^3 = 8\pi r_c^3$$

$$\to r_a = \sqrt[3]{4} \cdot r_b$$

$$\to r_c = \sqrt[3]{\frac{1}{4}} \cdot r_b$$

$$S_a = 2\pi r_a \cdot h_a + 2\pi r_a^2 = \pi r_a^2 + 2\pi r_a^2 = 3\pi r_a^2$$

$$S_b = 2\pi r_b \cdot h_b + 2\pi r_b^2 = 4\pi r_b^2 + 2\pi r_b^2 = 6\pi r_b^2$$

$$S_c = 2\pi r_c \cdot h_c + 2\pi r_c^2 = 16\pi r_c^2 + 2\pi r_c^2 = 18\pi r_c^2$$

$$\frac{S_a}{S_b} = \frac{3\pi\left(\sqrt[3]{4}\right)^2 \cdot r_b^2}{6\pi r_b^2} = \frac{\left(\sqrt[3]{4}\right)^2}{2} = 1.26$$

$$\frac{S_c}{S_b} = \frac{18\pi\left(\sqrt[3]{\frac{1}{4}}\right)^2 \cdot r_b^2}{6\pi r_b^2} = 3\left(\sqrt[3]{\frac{1}{4}}\right)^2 = 1.19$$

自然，我们没法按照这个原则生产每一种产品，也不是所有的内容物都如意式馄饨一般灵活可调整。但我们仍然可以得到如下结论：每一种几何形状，在表面积与体积之间都存在一个理想的比例。

作为一种最佳的可能比例，它可以用最少的材料，达到特定的体积。通过计算极值，可以轻而易举地算出这个理想的比例。最妙的是，它适用于我们周围几乎所有的产品和包装。例如，那些每天在飞机上发放的，数以百万计的一次性杯子。完美的形状既能节约材料，又不会减少乘客的饮品供应量。

$$V_a = V_b$$

$$\rightarrow \pi r_b^2 \cdot h_b = \pi r_a^2 \cdot h_a$$

$$\rightarrow \pi r_b^2 \cdot r_b = 3\pi r_a^2 \cdot r_a$$

$$\rightarrow r_b^3 = 3r_a^3 \rightarrow r_a = \sqrt[3]{\frac{1}{3}} \cdot r_b$$

$$S_a = 2\pi r_a \cdot h_a + \pi r_a^2 = 6\pi r_a^2 + \pi r_a^2 = 7\pi r_a^2$$

$$\rightarrow S_a = 7\pi \left(\sqrt[3]{\frac{1}{3}}\right)^2 \cdot r_b^2$$

$$\rightarrow \frac{S_a}{S_b} = \frac{7\pi \left(\sqrt[3]{\frac{1}{3}}\right)^2 \cdot r_b^2}{3\pi r_b^2} = \frac{7}{3}\left(\sqrt[3]{\frac{1}{3}}\right)^2 \approx 1.122$$

尽管 a 与 b 的容量相同，但 b 的表面积比 a 小 12%，即所需的制作材料也比 a 少 12%。同时，由于 b 的重心更靠下，b 也比 a 更稳定。

另一方面，杯子的形状越矮、越宽，橙汁或可乐就越有可能流入乘客的胃中而不是流到他们的腿上。理想的形状不仅资源利用率更高，还意外收获了防倾倒的附加效果。

可以想象，更大的产品能有多么大的节约潜力。

下一页的图表展示了各种几何图形的理想形状。

当然，搜寻理想形状的过程要比下面描述的复杂得多。要找到理想的形状，还得充分考虑其他方面的问题，如人机工程学或法律方面的要求。并且，许多产品远比一个罐头或一个杯子复杂，例如，电脑、MP3和滚筒式烘干机均包含了更多需要在设计中予以考虑的组成部件。要在这样的产品中运用理想比例的原理，首先必须参照核心的、已经确认的部件。哪些部件的尺寸是不能更改的？最小的尺寸是多少？是否有人机工程学方面的问题需要考虑？如果常数项已经找到，那么一个粗略的、满足特定要求的、近乎理想的最低材料成本的基本形状就能被初步定义，它应该能同时迎合生产者和环保主义者的诉求。

表面积效率

为了展示不同几何图形间的差异，并对表面积与体积之间的关系有一个形象的认识，定义一个新标准来对比各种几何图形是十分有帮助且必要的。乍看之下，我们可以利用材料成本和形状的资源利用率。回忆一下我们在第二章中关于紧凑性的描述：“最紧凑的几何形状是球体。从数学角度来看，相同的表面积下，球体体积最大。”

这意味着，球形包装的表面积最小。因此，我们以其作为所有形状的衡量标准，并相互进行比较。我们将这种与球形的体积和表面积之比的比值称为“表面积效率”，该数值有助于评估几何图形的设计效率。球形作为参照模型，其表面积效率设为最大值1。

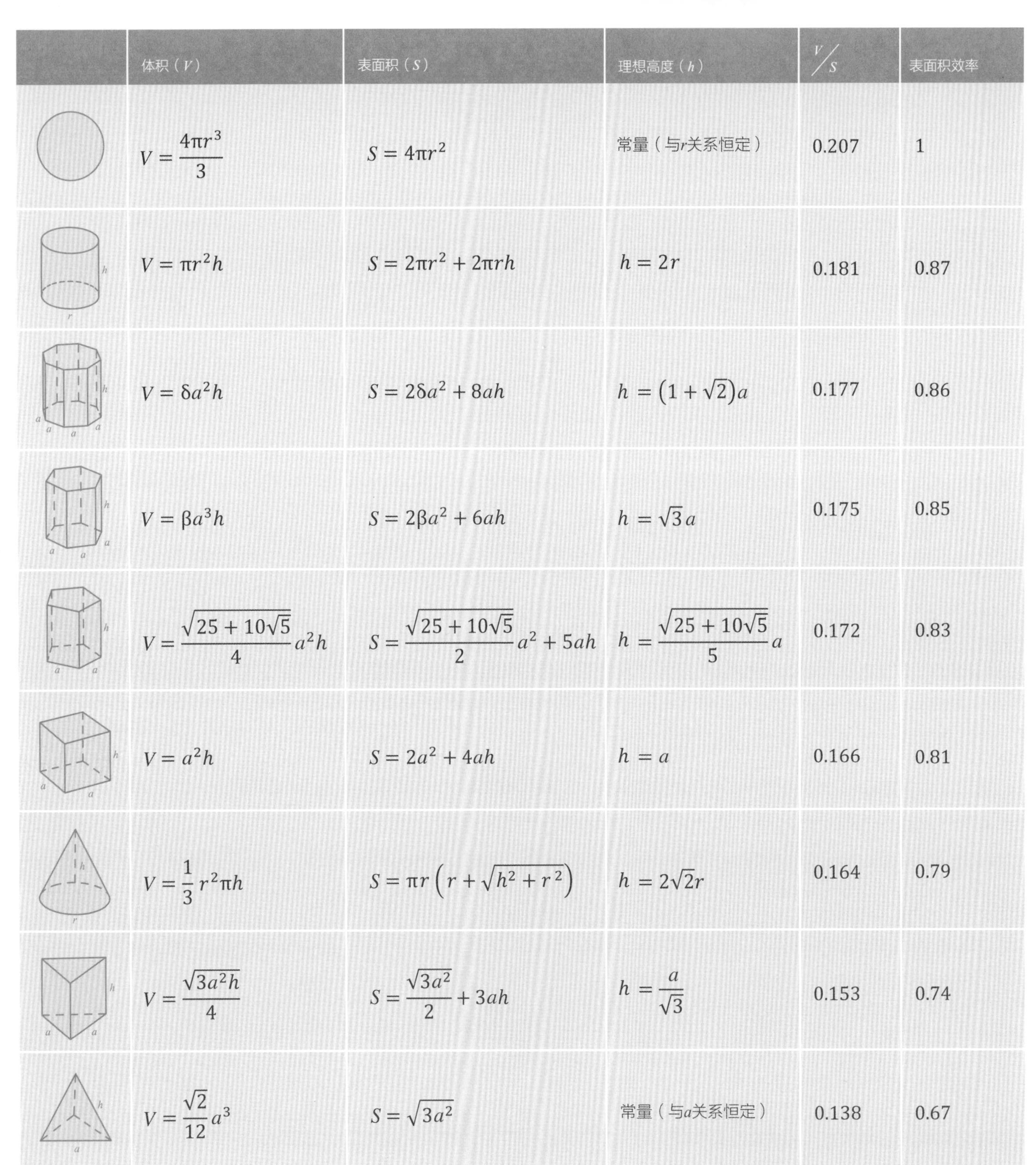

	体积（V）	表面积（S）	理想高度（h）	V/S	表面积效率
	$V=\frac{4\pi r^3}{3}$	$S=4\pi r^2$	常量（与r关系恒定）	0.207	1
	$V=\pi r^2h$	$S=2\pi r^2+2\pi rh$	$h=2r$	0.181	0.87
	$V=\delta a^2h$	$S=2\delta a^2+8ah$	$h=(1+\sqrt{2})a$	0.177	0.86
	$V=\beta a^3h$	$S=2\beta a^2+6ah$	$h=\sqrt{3}a$	0.175	0.85
	$V=\frac{\sqrt{25+10\sqrt{5}}}{4}a^2h$	$S=\frac{\sqrt{25+10\sqrt{5}}}{2}a^2+5ah$	$h=\frac{\sqrt{25+10\sqrt{5}}}{5}a$	0.172	0.83
	$V=a^2h$	$S=2a^2+4ah$	$h=a$	0.166	0.81
	$V=\frac{1}{3}r^2\pi h$	$S=\pi r\left(r+\sqrt{h^2+r^2}\right)$	$h=2\sqrt{2}r$	0.164	0.79
	$V=\frac{\sqrt{3a^2h}}{4}$	$S=\frac{\sqrt{3a^2}}{2}+3ah$	$h=\frac{a}{\sqrt{3}}$	0.153	0.74
	$V=\frac{\sqrt{2}}{12}a^3$	$S=\sqrt{3a^2}$	常量（与a关系恒定）	0.138	0.67

请参阅第134—143页附录

一个几何图形的表面积效率数值离 1 越近，在特定容积下，它的表面积就越小；离 0 越近，则表面积越大，需要越多的材料来构建。理想形状法则最棒的一点是，它不仅适用于三维空间，还适用于二维平面。举例来说，如果有人想要围出一块特定的空间，同时使用尽可能少的围栏，那么唯一合适的解决方案就是围一个圆圈。如果围的是方形，所需的围栏材料将多出约 13%。为此，我们今后是否应该致力于创造和建设圆形的房屋及院落呢？这并非易事。

对动物群落进行观察或许能有所帮助。看看蜜蜂吧，7 万只蜜蜂和它们的女王住在一个空间狭小的蜂箱内。蜜蜂不仅工作勤劳，而且具备“经济头脑”，它们的额前长着极富效率的触须。蜜蜂需要花费数天时间才能建造一个蜂巢，显然，对它们来说，建造过程应尽可能经济、高效。问题是：既然圆形是理想的表面轮廓，那它们为什么不建造圆形的蜂巢呢？答案很简单：圆形之间无法完美贴合，总会留下细小的缝隙。当圆形被排列到一起，总有一些空间会被遗漏。柏拉图认为，只有三种几何图形拼合时不会留下间隙（三角形、四边形和六边形）。在这三者之中，六边形拥有最佳的面积周长比。六边形的蜂巢相互间能够完美契合，同时只需要较少的建筑材料。若是方形的蜂巢，所需蜂蜡将多出约 10%；若是三角形蜂巢，甚至会多出 25%。

三角形网格

方形网格

六边形网格（也被称为“蜂巢图案”）

柏拉图式或常规平面镶嵌，仅有三种方式使得正 n 边形瓷砖能边对边贴合。

理想静力学

作用在产品上的载荷，是决定其部件尺寸的基础。静力学限定了产品所需的材料属性、材料投入和整体结构，由此一件产品才得以承受与功能相关的拉力与压力。

即使材料本身的属性并未发生改变，一套高明的结构也有助于减少材料的消耗。在这一点上，许多设计师认为控制成本的责任要归于工程师，因为技术人员在正式生产前要对每一件产品进行测试。如果一个设计师因为认识不全、考虑不周而选择了不科学的形式，工程师当然能对设计进行改进，以使它最终符合静力学的要求。但这种解决方案是一个糟糕的妥协，它绝不是理想的答案。设计师不能一开始就将他的工作寄托在工程团队上，正如技术人员也不应该突然把自己放在设计师的位子上。设计师在最初开始设计时，就应将静力学的相关要素纳入考虑之中。如果技术人员之后面临的，是要将一头驴改造成赛马，他将永远也无法得到一匹纯种阿拉伯马，顶多训练出一头“赛驴”。要实现理想的形状，设计师必须从一开始就将结构纳入设计考量范围，充分考虑产品的功能和可能的应力。否则，工程师要做的，就不只是调整，而是重建整个结构。这绝不是设计师想要的结果，而且也会导致额外的工作量。为了确定产品是否能在实践中长期抵抗应力，遵循客观定理是设计过程的前提。类似有限元法（FEM）这样的现代程序在产品设计中是一个有益的补充。一个简单的案例能帮助我们更好地理解这个观点。假设你被要求设计一种新的衣架，以下问题或许对你有帮助：有哪些压力和拉力？哪些力会对衣架产生影响？它有多重？我们尽可能地简化这个系统，得到力的分布如下：

最大的弯矩在衣架的中间。

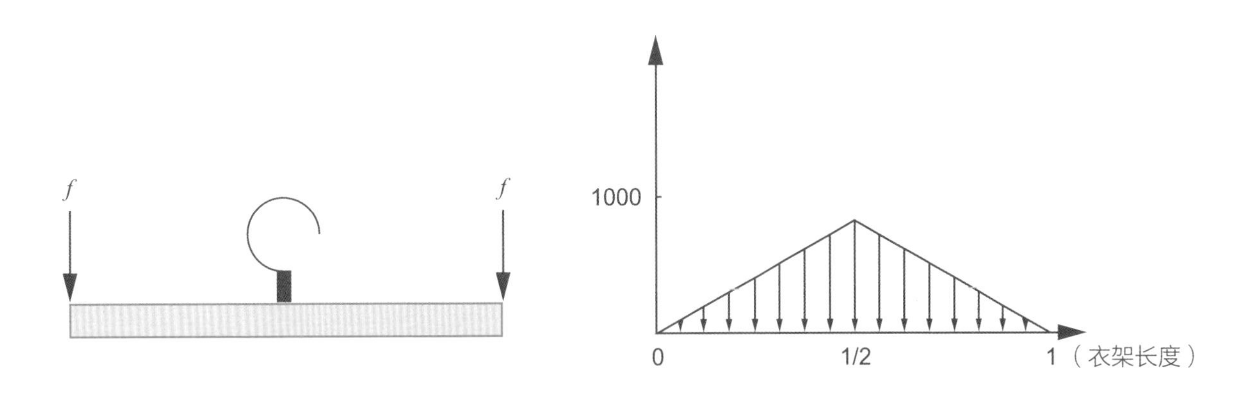

衣架必须能承受挂在上面的衣物的重量。衣服的类型五花八门，重量也各不相同。除了柔软轻盈、肩宽多在 30 至 40 厘米之间的夏日连衣裙，还有更厚的冬装也需要挂放。为避免意外，设计师应预设最糟的情境。仔细观察上图，你会发现，最大的弯矩在衣架的中间。如果该点的材料缺乏足够的抗弯强度，衣架就会容易损坏，会变形甚至断裂。当然，解决办法之一可以是使用更硬的材料或增加材料的厚度，但除此之外，我们要怎样才能缩减材料投入，找到理想的形状呢？为了更生动地描绘设计对稳定性的影响，请将一把塑料尺拿在手中，并尝试纵向弯曲直尺。当压力作用于扁平的一面时，弯曲效果最佳；旋转 90 度后，效果则完全不同。同一把尺子，几秒前看上去还异常柔韧，现在却几乎无法弯曲。

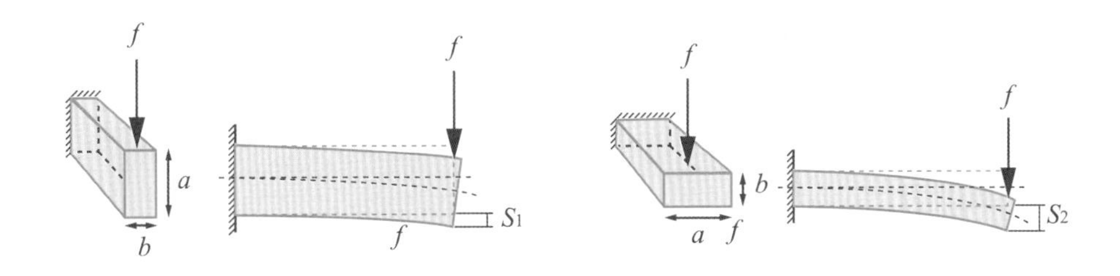

同样的力，相比作用在尺子狭窄的侧边上，作用在扁平的一面更容易使直尺弯曲。

这个简单的例子说明了几何形状在产品稳定性中的重要性。同样的材料，同样的厚度，其稳定性却随着作用力方向的变化多次改变。具体应用到我们的衣架上，如下图所示：

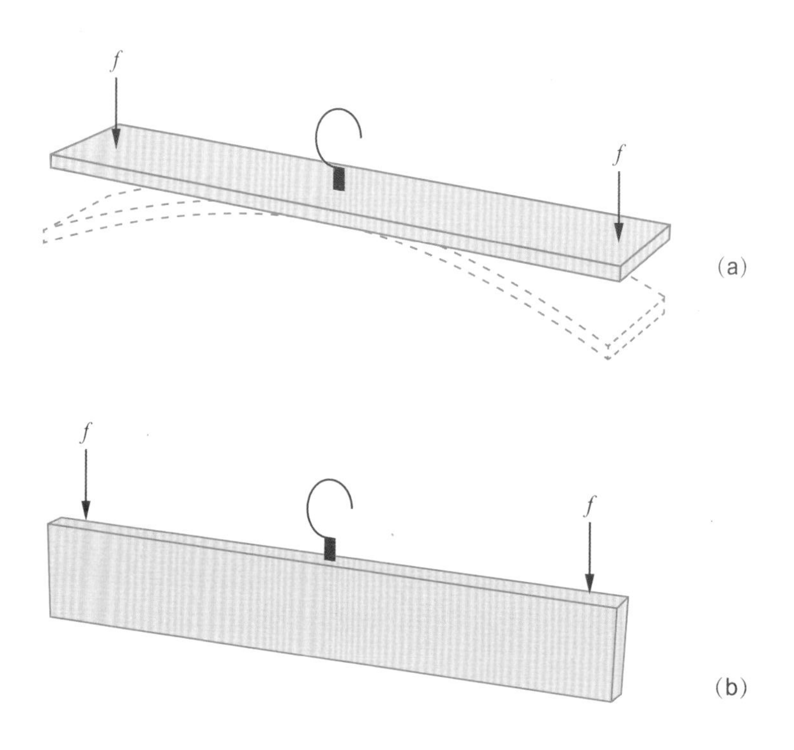

扁平的衣架极易弯曲，旋转 90 度后则变得几乎无弹性。

形状（b）可用于衣架，但仍不是理想形状。根据我们对该系统的分析，最大的应力作用在衣架的中间，厚实的冬装外套重量对该部分会产生特殊的杠杆效应。从中心向两端，弯矩逐渐减小，这就为节省材料提供了可能。衣架的两端可以减少相当一部分的材料使用量。

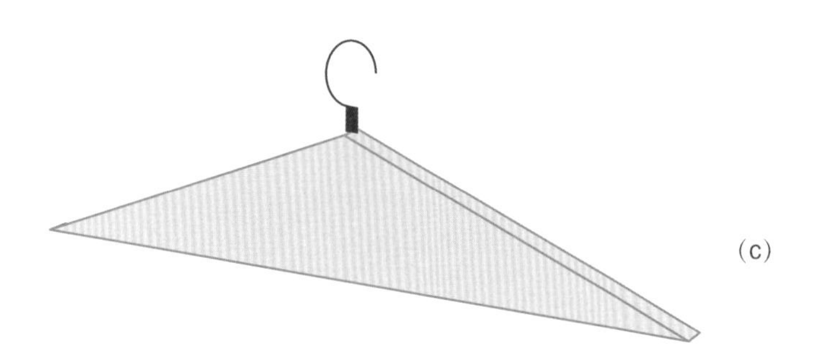

衣架两端所受的压力较小，因此，对应的材料可以更薄。

形状（c）接近我们描述中的理想型，但它仍然有缺点，可以通过设计加以改进。它非常稳定，只需要很少的材料，比如，可以用薄的金属板制作而成。然而，由于它两端没有宽阔的平面，衣服的肩部缺乏有力的支撑。宽阔的平面能使得重量分散，并保护衣物免受尖锐边缘的损伤。让我们再看看形状（a），它不是很稳定，但有一个水平、宽阔的表面。我们可以将不同形状的优点结合起来。只需轻微扭曲，形状（a）和形状（c）就能变成近乎理想的形状（d）。现在，衣架中间具备必需的稳定性，肩部区域也有足够宽阔且舒适的表面。另外，这种衣架可以利用非常薄的材料进行生产。尽管它形状瘦长，但聪明的力学结构设计使其得以承受具有相当重量的冬装外套。另一个实际效用是，这种衣架可以堆叠，在运输或储存时能节省大量空间。

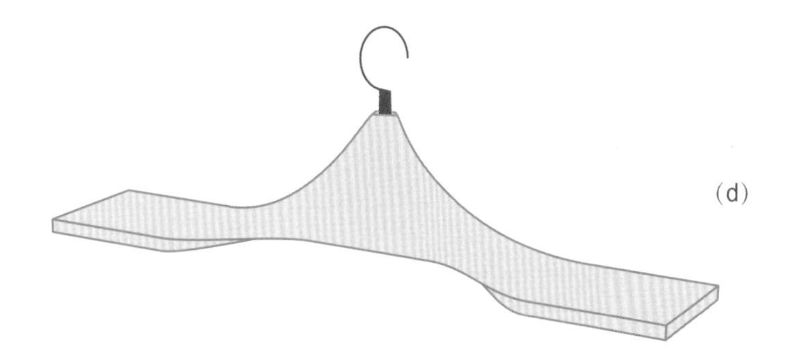

天鹅衣架（Swan）

由于扭曲设计，该衣架十分稳定舒适，其材料得到了最大程度的利用，从形态及静力学上来讲也是理想的。

降低生产成本

时间就是金钱，能源也是一样。设计方案不仅决定了材料成本，还决定了制造过程和材料的选择。

设计师对产品制造所需的时间和能源有很大影响，一个经过深思熟虑的设计能减少二氧化碳的排放量和碳足迹。使用什么样的加工流程取决于产品的材料、形状及数量。

材料

更快地塑造成形

选择材料时的一个重要标准是，材料是否能有效塑形。材料的可加工性很大程度上决定了生产的复杂程度。有些材料只能铸造，有些材料只能碾磨，有些材料适宜深拉成形。相当重要的一点是，要清楚材料是否需要后处理及其相应步骤。

一个表现材料影响生产过程的绝佳案例是新近开发的液态金属。此前，类似的理想材料经常被提及，但从未实现；它将长期以来被视为不兼容的材料属性相结合，是“万金油”一般的存在。现在，美国的金属专家液态金属科技公司发明了这么一种材料，可以铸造出任何一种想到的形状，且在冷却时体积不会缩小，这意味着不再需要长时间的再处理过程。同时，液态金属非常稳定；由于非结晶的原子结构，即使是非常微小和精细的形状也相当耐用。相比钛、钢或铝，液态金属更硬、更有弹性，且重量极轻。这种新材料通常用于军事目的，也用于滑雪板、网球拍等运动器材和电脑。

形状

于细微之处见完美

当然，除了生产过程之外，还有其他因素影响产品形状的选择。考虑到可能有技术能大大降低生产成本，有必要提前确认好形状的要求，之后根据生产方式进行优化。不过，值得注意的是，对经济生产的妥协绝不能以牺牲人机工程学或美学等其他重要因素作为代价。日常生活经验告诉我们：差之毫厘，失之千里。通常，对形状的细微调整，就能使其适于铸造，或使某些部件的深拉变得相对容易。即使是对产品运作过程的粗略复盘，也有助于在不破坏外观的情况下对其进行进一步的优化。理想的形状通过提前排除潜在故障，避免造成更大的浪费。如此一来，产品的“良品率”，即无缺陷产品数量和产品总数量的比值，就能得到提升。比方说，如果有十分之一的产品不合格，那么我们就说该产品的良品率为 90%。

数量

机械制造可行性

设计师对该因素最为束手无策。大部分情况下，机械生产根本无法替代。再优美的草图，如果不能大批量生产，就毫无价值。在汽车工业中，这一点尤为显著。在车展上，他们往往会展示漂亮的未来概念车型，但之后真正在街上跑的，却是更平凡、更易生产的类型。这种或多或少的微调是对经济生产的让步。少量生产也有其优点，它给予了设计师更多的空间和自由，使更精密、更复杂和更奢侈的生产方式成为可能。

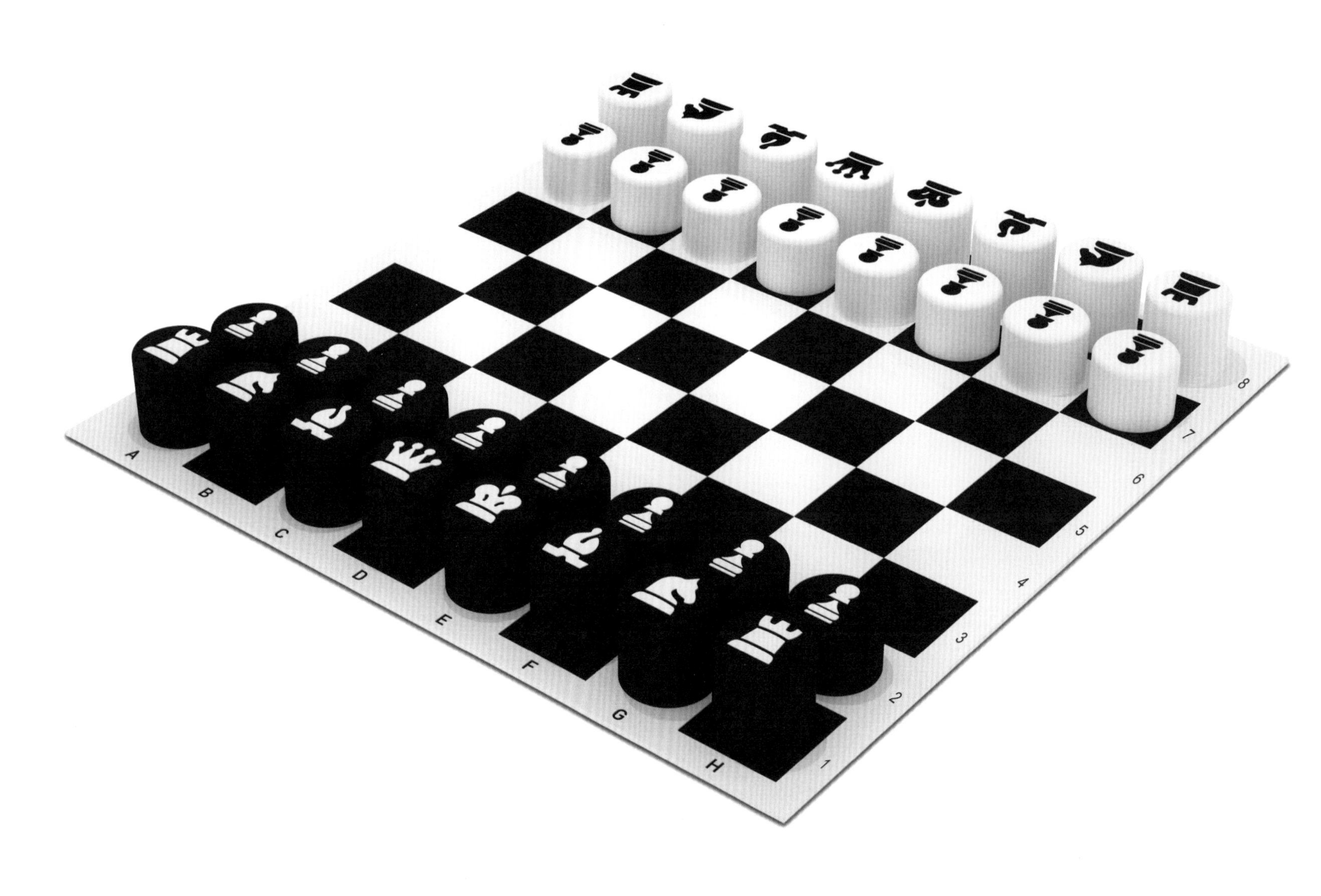

Shah & Shah 国际象棋

国际象棋棋盘的经典形象通过棋谱或杂志为人所熟知，它们大多由象征着不同角色的象形棋子组成，对于棋手来说非常熟悉。而象形图将象形棋子简化至基本要素，让观者得以将“战况”尽收眼底并对整个棋局有所掌控。新的设计理念在于极简，使棋盘上没有干扰之物。去繁就简后的棋子不仅给人以简约之感，还降低了生产成本。它们极易收纳，通过用软硅胶材质取代木材，棋盘可被轻松卷起，收进圆筒包装内。

降低设置成本

生产过程中每增加一个新步骤，机器都必须重新进行设置，所有生产都要停工。除制造方法外，设计决定了生产所需工具、仪器调整的复杂性。三条黄金法则有助于降低机器设置的成本：

- 简约：简单的形状通常更易生产。
- 简化：更少的部件能降低设置成本。
- 统一：统一的元素使机器能够一次性调整完毕。

在 Shah & Shah 国际象棋棋盘设计中，我们可以了解到如何降低产品的设置成本。每个熟知棋类游戏的人都知道国际象棋的经典形象，棋谱中棋子的图形符号广为流传，多年来均是如此。但在 Shah & Shah 国际象棋棋盘中，人物角色被简化为基本要素，浓缩成为圆柱体上的象形图。与传统设计相比较，玩家甚至拥有更好的全局视野。这种简单而集中的形式不会使人分心，有助于将注意力聚焦到实际的对抗上来。并且，该设计还可以节省生产的成本。相较于传统设计中所需的国王、皇后、战车、骑士、主教和禁卫军六种模具，该简化形式仅需两种，这就缩减了大约 66% 的设置成本。这种棋盘并没有真正的“盘”，而是以硅胶垫代替，其能被轻松卷起放入圆筒包装内。与包含铰链和小型锁扣装置的传统国际象棋棋盘相比，新设计降低了生产成本。同时，它还有一个讨人喜欢的“副作用”，不走寻常路的新形式，使其在众多产品中脱颖而出。这个独特的品质想必极受市场营销人员的欢迎。

“每增加一个步骤，都会带来更高的成本。”

降低装配成本

优化生产成本通常与良好的设计理念息息相关，其中之一是，设计永远不该使用太多不同的形状。这一点在降低装配成本方面意义重大。高效的产品生产可以是专业设计在实践中的自然产物。这里有一个简单的例子：关于设计一个新的 MP3 播放器。不仅仅是美学的角度，从很多方面来说，拥有一堆大小不一的按钮毫无意义。更多的按钮增加了更多不必要的生产成本，因为其必然需要更多的模具，从而导致额外的装配步骤。

“好的设计大多也易于生产。”

专注于创造一些能够满足所需功能的智能连接，效率要高得多。例如，当使用滚轮按钮时，只需一个模具和一次组装，即可到位。播放器的所有功能都可以通过转动滚轮来实现。

可持续性与报废

“回收利用是好事，减少废物的产生则更好。”

有人说，如今我们制造了太多的垃圾，他是对的。可悲的是，制造垃圾的方式远不止一种。首先，有许多廉价产品充斥着商店的货架，没有人真正需要它们。通常在这些产品上，不存在什么设计成本。其次，有许多产品在短时间内就会报废，突然之间就不再运转。产品拒绝运转，除了某些部件磨损失效外，往往还因为它是有意被制造成如此，这被称为“计划性报废”。据推测，如果这套现代理论出现在古罗马，那罗马斗兽场恐怕早就坍塌殆尽，好腾出空间让某人建造一座新的了；而这与它本身的可持续性完全无关。

报废意味着产品过时。这个结果可能自然发生，也可能是人为主导。报废分为不同的类型，以下是最重要的几种：

计划性报废

这种报废通常是营销策略的一部分。在构建产品时，其弱点已被预设好，以“管理”产品的使用寿命，确保顾客在短时间内购买新的商品。磨损也被认为是唤起顾客购买全新产品的愿望的一大因素。

机能性过时

当一个产品无法满足当下的要求而不再被使用时，就是我们所说的“机能性过时”。例如，当电脑的操作系统无法安装、运行最新的必需软件时，它就过时了；对那些匹配的墨盒型号不再生产的打印机来说，也是一样。

心理性过时

这种过时，是指一个无可挑剔的、仍能顺利运转的产品，只因不再符合特定的时代潮流，而被顾客视为过时。它不再是最新款。这种现象在日新月异的时尚潮流中尤为明显。技术的发展也会导致心理性过时，例如，模拟摄像已被数字摄像所取代。再看手机，今日新闻明日旧，完全可以用来描述手机产业的技术发展。即使旧设备依然能够照常运行，许多人还是会买新手机，因为他们相信，最新的总是更好的。

陈旧性报废

尽管计划性报废也许能提高销量，但一个好的设计不应该只以业绩增长为出发点。在这里，需要始终铭记：质量高于数量。

虽然我们能够回收许多材料，但这仍然会耗费大量原本可以更好地用于别处的能源。并且，不是所有材料都是可回收的，所谓的稀有金属就是其中之一。这些物质不仅稀有——顾名思义——而且大部分根本无法回收。稀有金属包括钼、铌和铟，它们对许多工艺流程都至关重要，如果缺失，完整的生产流程就会被打断。一些创新型产业尤其需要稀有金属，如燃料电池、计算机、混合动力汽车和光伏电池等。

因此，最佳解决方案仍然是：减少废物的产生。

在过去，男人一辈子只有一把剃须刀，他会怀着爱与热情，妥善地保管并珍惜它，等待将它传到下一代手中。一次性商品的风行始于20世纪50年代，塑料单向剃须刀于此时诞生了，这种剃须刀五颜六色，一包有20把。自然，没有人再希望回到过去，每次剃须前还得磨上至少十分钟的剃须刀片。在这两种极端情境间保持中立是一个明智的选择。“一次性用品”并不能为我们指明未来的道路。“计划性报废”是一个危险的想法，应在未来的商业发展中被淘汰。它从来也绝不会是符合潮流的。宁可不择手段也要提高销售量的冲动，不仅会加重环境的负担，也会削弱客户对品牌的信任。

那些看似经济上的成功，很可能会结下苦果，最终导致财务损失，甚至品牌的终结。

随着消费者乃至全社会的生态意识不断提高，快餐时代正缓慢但必然地走向终结。独立的监管机构、消费者组织以及互联网，使得产品质量越来越透明化。妄图背靠环境和消费者挣快钱的公司，长远来看，将不会有立足之地。至少，这是我们所期盼的结果。飞利浦电子公司创始人的孙子华纳·飞利浦（Warner Philips）发出了积极的信号。他与兰森公司携手，共同开发了一种新型LED灯，其使用寿命是传统灯泡的25倍，因此效率提升了90%。在1924年的大背景下，这一突破显得更为重要。当时，所谓的太阳神卡特尔联盟，即国际灯泡制造商协会，规定将灯泡的使用寿命限制在1000小时以内，尽管在技术层面上已完全可以实现更长的使用寿命。他们有专门的定期测试，来确保该规定得到了贯彻实施。灯泡使用时长超过1000小时的卡特尔成员，将接受严厉的处罚。即使该组织已于1941年正式清算，但其核心理念的传播却远超人们的想象。

回到更积极的一面：要设计长寿命产品，必须从长期角度审视其功能。只有持续的应力测试，才能找到产品的弱点。一张床垫需要提供可靠的稳定性和舒适性，不是只提供一次，而是成千上万次。不过，为此，并不需要一整个试睡团队，该情境可通过电脑模拟，或用机器在床垫上施加压力来完成测试。当产品的薄弱环节被找到，就可以通过优化结构或材料来进行补救。在多数情况下，高品质材料会坚定客户的选择，并加强他们对品牌的信任。另一种可能延长产品寿命的方法是，确保可更换易损件。没有人会在只需更换刹车片时，将新车丢到垃圾场。这一点看上去显而易见，但实际上被很多产品所忽略。例如，许多产品的可充电电池均无法更换，因此，当这个小零件出问题时，使用者只能重新购买一台新的设备。总而言之，我们可以通过三种可能的方式提高产品的寿命：

- 调整应力结构；
- 使用优质耐用的材料；
- 更换易损件。

或者，简单来说：让我们丢弃一次性用品吧！

第六章 市场营销

工业设计是一家公司最重要的名片。

家族事务

工业设计永远不是独立存在的，它始终代表着产品背后的公司和品牌，是企业设计的基本元素。即使每件产品都有其特定的需求和目标群体，它也应该始终具备足够的“家族”辨识度。

形象的重要性

公司和品牌就好比一个人。在现实生活中，我们常会发现，某些人相较于其他人要更加讨人喜欢且令人愉悦。例如，有年轻的、严肃的、跳脱的和运动风等不同类型的公司，根据其定位吸引特定的目标群体。各异的特质均被呈现在公司的企业形象之中，也就是常说的 CI（Corporate Identity）。

每个人通过外貌、手势、表情、出身或语言等被识别，公司也用类似的特征来突出、区别自身。永不停歇，在众多对手中脱颖而出，对公司而言至关重要。企业传播、视觉外观及行为表现都在为企业形象塑造添砖加瓦。

企业形象明确了公司定位，基本要素包括企业设计、企业行为和全方位的企业传播等。

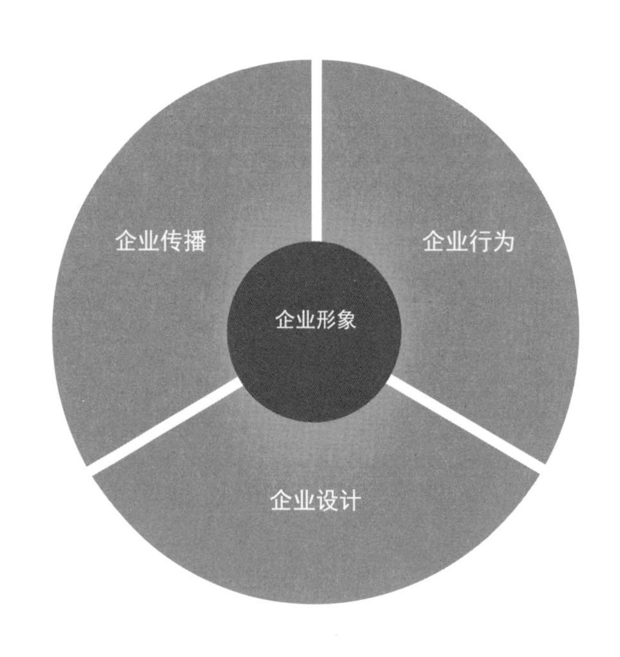

CI 中的视觉外观由企业设计决定，企业设计通常缩写为 CD（Corporate Design）。CD 决定了一些强制性规范，如企业标志、企业色彩、企业字体、隐喻语言或工作服的样式，甚至连音效设计都受到 CD 的管理，比如决定哪种音效与企业标志结合使用。

但在 CD 中，经常会出现一条难以跨越的鸿沟。虽然人们往往认为，公司会将工业设计视为 CD 的关键部分，但事实远非如此。产品设计或多或少都有些复杂，通常情况下，公司的各种产品、设计较难保持一致性。照这样看，许多公司都可能被诊断为“人格分裂”，形象上表现出来的是一套，产品设计上表现出来的又是完全不同的另一套。

越来越多的现代企业逐渐意识到，工业设计是公司经营战略的重要组成部分。产品必须拥有良好的辨识度，每一件产品都代表着公司的形象。

为了更清楚地说明这一点，请想象一下，一家公司所有的产品都陈列在你眼前。尽管商标被遮掩，但你仍然很容易认出。产品之间的相似性让你能够快速定位同一系列产品，只有这样，才能说它们拥有清晰的 CD。如果各种产品的设计过于多样化，看上去就会如同借巢的布谷鸟蛋一般，不管是否属于某个产品系列，都无法真正融入这个“鸟巢”。

在这一点上，也有必要谈谈 OEM（Original Equipment Manufacturer）项目。由原始设备制造商生产的产品通常被冠以其他外部品牌进入市场。OEM 制造产品，并将其供应给其他公司进行分销。即使这些 OEM 产品可能带有公司的商标，但它们并不贴合公司特有的形象。

在产品相似度远超以往的当下，一个连贯又独立的工业设计，将在竞争领域独树一帜。

球形洗衣机（Sphere）

大自然是这台创新洗衣机的设计灵感来源。产品的外观由自然的曲线构成，同时也更贴近其内部功能。球形造型与众不同，有着极高的辨识度。

Bauknecht

企业设计

“再漂亮的设计，如果与品牌形象不符，就一文不值。”

要为公司全系列的产品创建一种具备相似性和统一性的设计风格并非易事。但这种努力是值得的，特别是当发掘出能够长期使用的形式语言时。众多产品中，消费者一眼就能够锁定公司的产品。最理想的情况下，还能创建新形象，树立独特鲜明的品牌风格。

那如何为特定品牌创建标志性语言呢？

重复

建立典型特征

无论是清晰的卷曲边缘还是特殊形状的主元素，在定义标志性语言时，通过公司不同产品对典型特征的高频重复，可以成就独立的风格特征，打响品牌知名度。基本形状的运用也能创造出独一无二的特征，这点可参照人们一眼就能认出的瑞士三角巧克力。

一致

始终如一的整体形象

类似的材料和处理方式可以是与品牌关联的象征，例如，对于材料表面的处理、不同材料的组合方式——在专业的工业设计中，这也是产品自身特有的风格之一。只有这样，所有的产品才能像拼图一样，组成一幅宏伟、连贯的整体图景。一致的着色、特有的表面工艺或同样的版面设计都能增强产品的“家族”辨识度。记得著名的奔驰“银箭”吗？典型的银色外观下集合了一系列不同型号的赛车，无一例外全被打上了奔驰的烙印。而当谈到红色赛车时，说话人所指可能是那辆来自斯图加特的赛车，而更多人想起的恐怕是意大利的著名汽车品牌。

特质

产品的个性

产品像公司一样，具有一定的特质。有严肃的、幽默的、激进的、无聊的、漂亮的、愉快的或单纯实用的产品。这种印象来自特定的形状、颜色以及材料在我们的认知中唤起的不同的联想，比如，圆形外观结合柔软的材料和鲜艳的颜色，就比尖锐的边角配上硬质材料和灰暗色系看上去要友好得多。电影中，坏蛋们经常穿着深色服装、携带尖锐利器，不是没有原因的。日常经验告诉我们，锋利的边缘极易导致受伤，因此我们会对这种特定的情境产生反应。熟练地运用这种标志性语言，有助于赋予产品独特的品质。创建的产品形象应始终与企业形象保持一致，且绝不能与产品功能相抵触。工业设计不仅应反映产品的需求，还得兼顾品牌。在突出产品特质时，必须考虑三方面：功能、企业形象和目标群体。

产品特质与功能保持一致

简而言之，产品应在外观上适当体现与功能的联系。一套防水装置不仅要能防水，而且要看起来“防水”；一辆跑车不仅要能高速行驶，停下来也要能展现风驰电掣的感觉。我们往往从视觉上评判产品的质量，如果设计在这一块有所欠缺，就算产品质量再好，我们也无从得知。结果是，我们会直接转向另一个设计更好的产品，甚至都不会去试用。厨房刀具品牌 Sharko 在视觉与功能结合互补方面就是一个绝佳的案例。其刀具形状的灵感来自鲨鱼，这个优雅的猎手以刀锋般的利齿而闻名。因此，类似鲨鱼的流线型弧线会引发“锋利”相关的联想。这是一种潜意识，观看者根本无法回避其影响，虽然未经试用，但这把刀看上去就是很锋利。

产品特质与企业形象保持一致

除了功能以外，产品特质也可以象征和强化公司及品牌的形象。产品定位通常取决于事先准备好的营销策略。不仅产品应根据企业形象加以调整，产品设计也当如此。产品可能通过幽默的特质在特定目标群体中取得良好的销售业绩，但也有可能在另一个目标群体中适得其反。最好的情况是，产品设计都是有意义的，且能完美契合企业形象，使得每件产品都能为品牌代言。

产品特质与目标群体保持一致

对目标群体的定位与产品在市场上能否获得成功息息相关，由此，与工业设计也不无关系。因此，首先分析目标群体非常重要。谁是主要的目标人群？他们有哪些特征？有哪些兴趣、期望和可能的偏好？只有分析好潜在客户，才能根据目标群体的需求和期望，成功调整产品特质。

必须考虑以下两种主要特征：

- 社会人口特征（性别、年龄、婚姻状况、收入、教育水平、文化根源等）；
- 心理特征（政治观点、性别认同、人生态度、宗教信仰等）。

只有当我们像犯罪学家或分析人员那样，详尽地绘制好目标群体画像，我们才能了解客户的期望，以及与其品味和需求相对应的产品特质。在设计供 5 至 8 岁儿童使用的玩具和老年人的助听器时，我们多半会采用不同的颜色。真正的挑战是，要站在目标人群的角度来看待产品。陶醉于自身品味，无视目标人群的选择，固执坚持自己的个人风格，将难以获得市场的青睐。

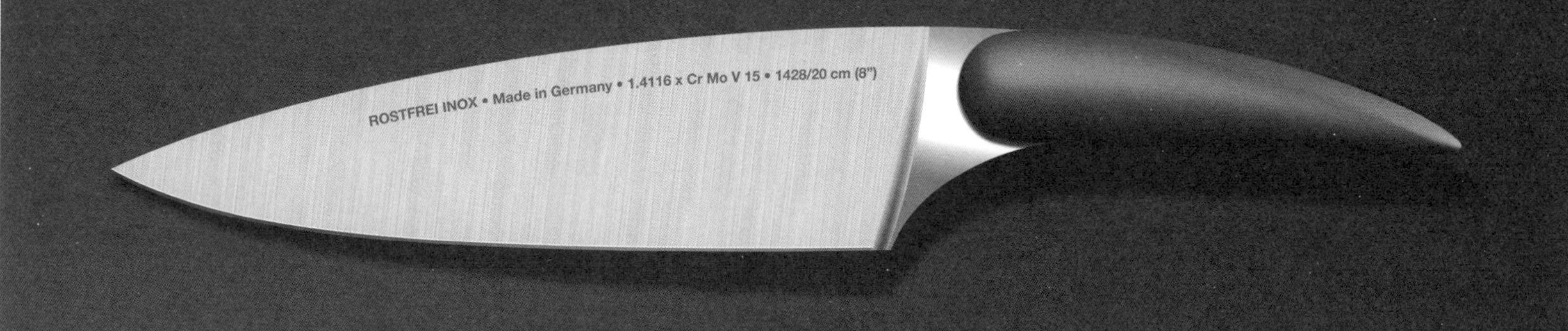

Sharko 刀具

该厨用刀具由特制钢刀片锻造而成，且配有可丽耐刀把，这种丙烯酸系矿物材料十分耐用。刀的设计优美独特，造型与功能相呼应，刀形似鲨鱼，以强调产品的锋利度。这把刀的功能的确实现了设计初衷，整体握感舒适，且符合人机工程学。

附录

圆锥体（Cone）

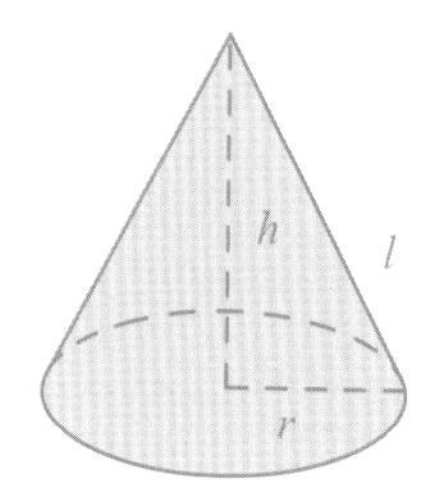

目标函数：

$$S=\pi r^2+\pi rl=\pi r(r+l)=\pi r\left(r+\sqrt{h^2+r^2}\right)$$

注：

$$\frac{1}{3}\pi r^2 h=V$$

$$\to h=\frac{3V}{\pi r^2}$$

故 $S=\pi\left(r^2+r\sqrt{\frac{9V^2}{\pi^2 r^4}+r^2}\right)=\pi\left(r^2+\sqrt{\frac{9V^2}{\pi^2 r^2}+r^4}\right)$

$$S'=\pi\left(2r+\left(\frac{-2\times 9V^2}{\pi^2 r^3}+4r^3\right)\cdot\frac{1}{2\cdot\sqrt{\frac{9V^2}{\pi^2 r^2}+r^4}}\right)$$

$$S'=\pi\left(2r+\left(\frac{-9V^2}{\pi^2 r^3}+2r^3\right)\cdot\frac{1}{\sqrt{\frac{9V^2}{\pi^2 r^2}+r^4}}\right)$$

$$S'=0\Rightarrow 2v=\frac{\frac{9V^2}{\pi^2 r^3}-2r^3}{\sqrt{\frac{9V^2}{\pi^2 r^2}+r^4}}$$

$$\Rightarrow 4r^2\cdot\left(\frac{9V^2}{\pi^2 r^2}+r^4\right)=\left(\frac{9V^2}{\pi^2 r^3}-2r^3\right)^2$$

$$\Rightarrow 4\cdot\left(\frac{9V^2}{\pi^2}+r^6\right)=\frac{81V^4}{\pi^4 r^6}-\frac{36V^2 r^3}{\pi^2 r^3}+4r^6$$

$$\Rightarrow \frac{36V^2}{\pi^2}+4r^6-4r^6+\frac{36V^2}{\pi^2}=\frac{81V^4}{\pi^4 r^6}$$

$$\Rightarrow \frac{72V^2}{\pi^2}=\frac{81V^4}{\pi^4 r^6}\Rightarrow r^6=\frac{\pi^2\cdot 81V^4}{\pi^4\cdot 72V^2}=\frac{9V^2}{8\pi^2}$$

$$\Rightarrow \frac{\sqrt{2}}{2}\cdot\left(\frac{3V}{\pi}\right)^{1/3}=r=\left(\frac{9}{8}\left(\frac{V}{\pi}\right)^2\right)^{1/6}=\left(\frac{9}{8}\right)^{1/6}\cdot\left(\frac{V}{\pi}\right)^{1/3}$$

并且 $h=\frac{3V}{\pi r^2}=\frac{3V}{\pi}\cdot\frac{1}{\left(\frac{9V^2}{8\pi^2}\right)^{1/3}}=\frac{3V}{\pi}\cdot\left(\frac{9}{8}\right)^{-1/3}\cdot\left(\frac{V}{\pi}\right)^{-2/3}=\frac{3\cdot 3^{-2/3}}{2^{-1}}\cdot\left(\frac{V}{\pi}\right)^{1-2/3}$

$h=2\cdot 3^{1/3}\cdot\left(\frac{V}{\pi}\right)^{1/3}=2\cdot\sqrt[3]{\frac{3V}{\pi}}$

定义 $x=\frac{r}{h}=\left(\frac{9}{8}\right)^{1/6}\cdot\left(\frac{V}{\pi}\right)^{1/3}\cdot 2^{-1}\left(\frac{3V}{\pi}\right)^{-1/3}=\frac{1}{2}\cdot\frac{3^{1/3}}{\sqrt{2}}\cdot 3^{-1/3}=\frac{1}{2\sqrt{2}}=\frac{\sqrt{2}}{4}$

目标函数: $S=2\pi rh+\pi kr^2+\pi r^2$

注: $\pi r^2h=V\rightarrow h=\frac{V}{\pi r^2}$

$$S=\frac{2\pi V}{\pi r}+\pi\left(kr^2+r^2\right)$$

$$=\frac{2V}{r}+\pi\left(kr^2+r^2\right)$$

$$S'=-\frac{2V}{r^2}+\pi(2kr+2r)$$

$$S'=0\Rightarrow\frac{2V}{r^2}=2\pi(kr+r)\Rightarrow\frac{V}{\pi}=r^2(kr+r)\Rightarrow\frac{V}{\pi}=r^3(1+k)\Rightarrow r^3=\frac{V}{\pi(1+k)}$$

故 $\mathrm{r}=\left(\frac{V}{\pi(1+k)}\right)^{1/3}$

并且 $h=\frac{V}{\pi}\cdot r^{-2}=\frac{V}{\pi}\cdot\left(\frac{V}{\pi}\right)^{-2/3}\cdot\left(\frac{1}{1+k}\right)^{-2/3}=\left(\frac{V}{\pi}\right)^{1/3}\cdot\left(\frac{1}{1+k}\right)^{-2/3}$

比值: $\frac{r}{h}=\frac{\left(\frac{V}{\pi}\right)^{1/3}\cdot\left(\frac{1}{1+k}\right)^{1/3}}{\left(\frac{V}{\pi}\right)^{1/3}\left(\frac{1}{1+k}\right)^{-2/3}}=\left(\frac{1}{1+k}\right)^{1/3+2/3}=\frac{1}{1+k}$

$r=\left(\frac{V}{\pi}\right)^{1/3}\left(\frac{1}{1+k}\right)^{1/3}$是最小值。

球体紧凑性

体积：$V=\dfrac{4\pi r^3}{3}$

表面积：$S=4\pi r^2$

定义紧凑性（体积与表面积的比值）$k=\dfrac{V}{S}=\dfrac{4\pi r^3}{12\pi r^2}=\dfrac{r}{3}$

作为参照，令体积 $V=1=\dfrac{4\pi r^3}{3}$

我们可得 $r=\sqrt[3]{\dfrac{3}{4\pi}}$

故球体的紧凑性为 $k=\dfrac{1}{3}\sqrt[3]{\dfrac{3}{4\pi}}\approx 0.2068$

球体的紧凑性被用作计算物体表面积效率的依据。

定义表面积效率 $\gamma=\dfrac{k_{\text{立体图形}}}{k_{\text{球体}}}$

正四面体（Tetrahedron，简写为T）

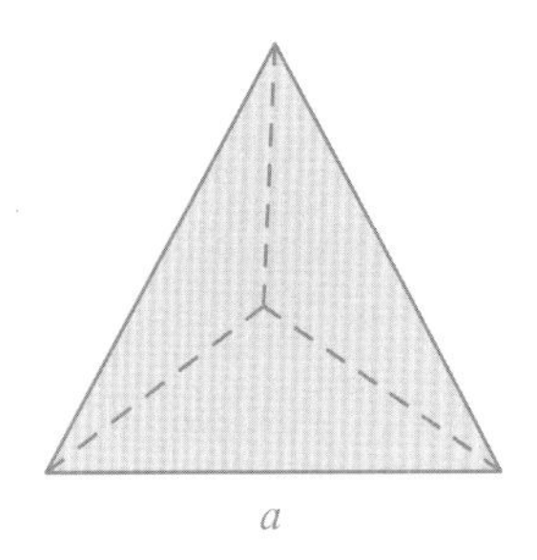

体积：$V=\dfrac{\sqrt{2}}{12}a^3$

表面积：$S=\sqrt{3}a^2$

故我们可得正四面体的紧凑性 $k_{\text{T}}=\dfrac{V}{S}=\dfrac{a\sqrt{2}}{12\sqrt{3}}=\dfrac{a}{12}\sqrt{\dfrac{2}{3}}$

对于确定的参照体积 $V=1=\dfrac{\sqrt{2}}{12}a^3$

得 $a=\sqrt[3]{\dfrac{12}{\sqrt{2}}}$，故 $k_{\text{T}}=\dfrac{1}{12}\sqrt{\dfrac{2}{3}}\cdot\sqrt[3]{\dfrac{12}{\sqrt{2}}}\approx 0.1388$

故正四面体的最优表面积效率为：$\gamma_{\text{T}}=\dfrac{k_{\text{T}}}{k_{\text{球体}}}\approx 67.12\%$

正三棱柱（Extruded Triangle，简写为E3）

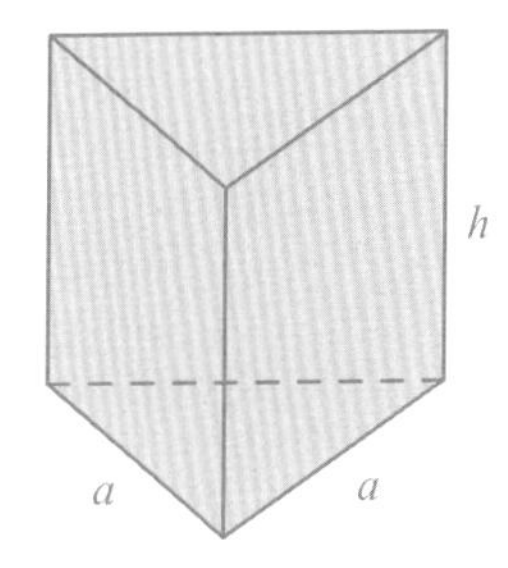

体积：$V=\frac{\sqrt{3}a^2h}{4} \Rightarrow h=\frac{4V}{\sqrt{3}a^2}$ （1）

表面积：$S=\frac{\sqrt{3}a^2}{2}+3ah$ （2）

将（1）代入（2）：$S(a)=\frac{\sqrt{3}a^2}{2}+\frac{12V}{\sqrt{3}a}$

（i）求预定体积下，能实现最小表面积的最优高度：

$S_v'(a)=\sqrt{3}a-\frac{12V}{\sqrt{3}a^2}=0$

$\Leftrightarrow a^3=4V$

$a=\sqrt[3]{4V}$ （3）

显然，该二阶导数为正，故此为最小值。

令 $x=\frac{a}{h}$，那么，由于（1）$h=\frac{a}{x}=\frac{4V}{\sqrt{3}a^2}$

代入（3）得 $x=\frac{\sqrt{3}a^3}{4V}=\frac{\sqrt{3}4V}{4V}=\sqrt{3}$

故最优高度为：$h=\frac{a}{\sqrt{3}}$

（ii）求正三棱柱的表面积效率：

$$k_{E3}=\frac{V}{S}=\frac{\frac{1}{4}\sqrt{3}a^2h}{\frac{\sqrt{3}}{2}a^2+3ah} \quad 当\ h=\frac{a}{\sqrt{3}}, k_{E3}=\frac{\frac{1}{4}\sqrt{3}a^2\frac{a}{\sqrt{3}}}{\frac{\sqrt{3}}{2}a^2+3a\frac{a}{\sqrt{3}}}=\frac{\frac{1}{4}a^3}{\frac{3\sqrt{3}}{2}a^2}=\frac{a}{6\sqrt{3}}$$

对于确定的参照体积 $V=1=\frac{1}{4}a^3$

得 $a=\sqrt[3]{4}$，故 $k_{E3}=\frac{\sqrt[3]{4}}{6\sqrt{3}}\approx 0.1527$

故正三棱柱的最优表面积效率为：$\gamma_{E3}=\frac{k_{E3}}{k_{球体}}\approx 73.8\%$

正四棱柱（Extruded Square，简写为E4）

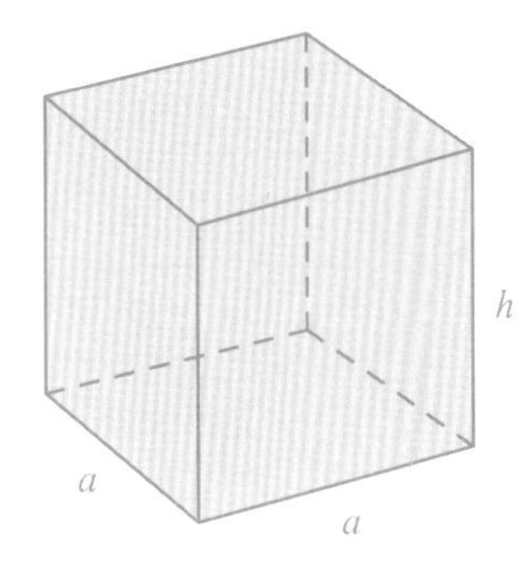

体积：$V=a^2h \rightarrow h=\dfrac{V}{a^2}$ （4）

表面积：$S=2a^2+4ah$ （5）

将(4)代入(5)：$S(a)=2a^2+4\dfrac{V}{a}$

(i)求预定体积下，能实现最小表面积的最优高度：

$$S_v'(a)=4a-\frac{4V}{a^2}=0$$

$$\Leftrightarrow a^3=V$$

$$a=\sqrt[3]{V} \quad (6)$$

显然，该二阶导数为正，故此为最小值。

令 $x=\dfrac{a}{h}$，那么，由于(4)，$h=\dfrac{a}{x}=\dfrac{V}{a^2}$

代入(6)得 $x=\dfrac{a^3}{V}=1$

最优高度等于底面边长：$h=a$。不出所料，最优正四棱柱为立方体。

(ii)求立方体的表面积效率：

体积：$V=a^3$

表面积：$S=6a^2$

故立方体的紧凑性为：$k_{E4}=\dfrac{V}{S}=\dfrac{a}{6}$

对于确定的参照体积 $V=1$

得 $a=1$，故 $k_{E4}=\dfrac{1}{6}$

故正四棱柱的最优表面积效率为：$\gamma_{E4}=\dfrac{k_{E4}}{k_{球体}}\approx 80.59\%$

正五棱柱（Extruded Pentagon，简写为E5）

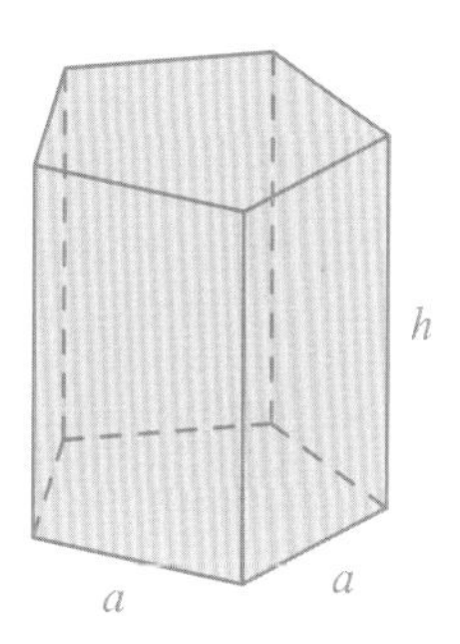

体积：$V=\frac{\sqrt{25+10\sqrt{5}}}{4}a^2h$

$\rightarrow h=\frac{4V}{\sqrt{25+10\sqrt{5}}\,a^2}$ (7)

表面积：$S=\frac{\sqrt{25+10\sqrt{5}}}{2}a^2+5ah$ (8)

将(7)代入(8)：$S(a)=\frac{\sqrt{25+10\sqrt{5}}}{2}a^2+\frac{20V}{a\sqrt{25+10\sqrt{5}}}$

(i)求预定体积下，能实现最小表面积的最优高度：

$S_v'(a)=a\sqrt{25+10\sqrt{5}}-\frac{20V}{a^2\sqrt{25+10\sqrt{5}}}=0$

$\Leftrightarrow a^3=\frac{20V}{25+10\sqrt{5}}$ (9)

显然，该二阶导数为正，故此为最小值。

令 $x=\frac{a}{h}$，那么，由于(7)，$h=\frac{a}{x}=\frac{4V}{\sqrt{25+10\sqrt{5}}\,a^2}$

代入(9)得 $x=\frac{\sqrt{25+10\sqrt{5}}\,a^3}{4V}=\frac{\frac{20V}{\sqrt{25+10\sqrt{5}}}}{4V}=\frac{5}{\sqrt{25+10\sqrt{5}}}$

故最优高度为：$h=\frac{\sqrt{25+10\sqrt{5}}}{5}a$

(ii)求正五棱柱的表面积效率：

令 $\alpha=\sqrt{25+10\sqrt{5}}$

当 $h=\frac{\alpha}{5}a$，$k_{E5}=\frac{V}{S}=\frac{\frac{1}{20}a^3\alpha^2}{\frac{\alpha}{2}a^2+\alpha a^2}$

$$k_{E5}=\frac{\frac{1}{20}a\alpha}{\frac{3}{2}}=\frac{a\alpha}{30}$$

对于确定的参照体积 $V=1=\frac{1}{20}a^3\alpha^2$

得 $a=\sqrt[3]{\frac{20}{\alpha^2}}$，故 $k_{E5}=\frac{\alpha\sqrt[3]{\frac{20}{\alpha^2}}}{30}=\frac{\sqrt{25+10\sqrt{5}}\sqrt[3]{\frac{20}{25+10\sqrt{5}}}}{30}\approx 0.1721$

故正五棱柱的最优表面积效率为：$\gamma_{E5}=\frac{k_{E5}}{k_{球体}}\approx 83.2\%$

正六棱柱（Extruded Hexagon，简写为E6）

类似于正五棱柱，但底面是边长为a的正六边形。

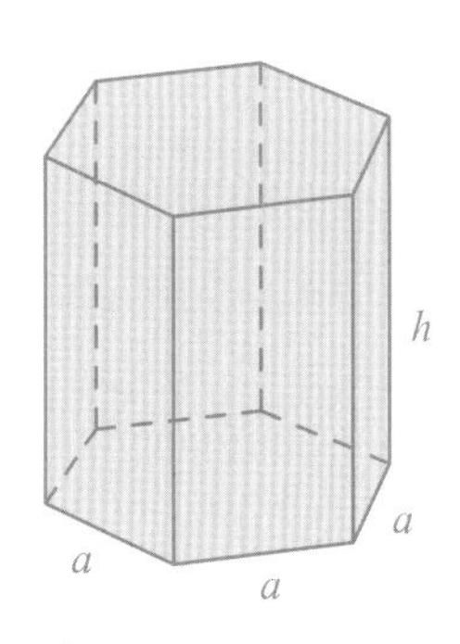

令 $\beta=\frac{3}{2}\sqrt{3}$

体积：$V=\beta a^2h\rightarrow h=\frac{V}{\beta a^2}$ （10）

表面积：$S=2\beta a^2+6ah$ （11）

将（10）代入（11）：$S(a)=2\beta a^2+6\frac{V}{\beta a}$

（i）求预定体积下，能实现最小表面积的最优高度：

$$S_v'(a)=4\beta a-\frac{6V}{\beta a^2}=0$$

$$\Leftrightarrow a^3=\frac{6V}{4\beta^2}=\frac{2}{9}V \quad (12)$$

显然，该二阶导数为正，故此为最小值。

令 $x=\frac{a}{h}$，那么，由于（10），$h=\frac{a}{x}=\frac{V}{\beta a^2}$

代入（12）得 $x=\frac{\beta a^3}{V}=\frac{6}{4\beta}=\frac{1}{\sqrt{3}}$

故最优高度为 $h=\sqrt{3}a$

(ii)求正六棱柱的表面积效率:

$k_{E6}=\frac{V}{S}=\frac{\beta a^2 h}{2\beta a^2+6ah}$，当 $h=\sqrt{3}a$

$$k_{E6}=\frac{\frac{3}{2}3a^2a}{3\sqrt{3}a^2+6\sqrt{3}a^2}=\frac{a}{2\sqrt{3}}$$

对于确定的参照体积 $V=1=\frac{9}{2}a^3$

得 $a=\sqrt[3]{\frac{2}{9}}$，故 $k_{E6}=\frac{\sqrt[3]{\frac{2}{9}}}{2\sqrt{3}}\approx 0.1749$

故正六棱柱的最优表面积效率为：$\gamma_{E6}=\frac{k_{E6}}{k_{球体}}\approx 84.54\%$

正八棱柱（Extruded Octagon，简写为E8）

类似于正五棱柱，但底面是边长为a的正八边形。

令 $\delta=2(1+\sqrt{2})$

体积：$V=\delta a^2 h\rightarrow h=\frac{V}{\delta a^2}$ （13）

表面积：$S=2\delta a^2+8ah$ （14）

将（13）代入（14）：$S(a)=2\delta a^2+8\frac{V}{\delta a}$

(i)求预定体积下，能实现最小表面积的最优高度：

$$S_v'(a)=4\delta a-\frac{8V}{\delta a^2}=0$$

$\Leftrightarrow a^3=\frac{2V}{\delta^2}$ （15）

显然，该二阶导数为正，故此为最小值。

令 $x=\frac{a}{h}$，那么，由于（13），$h=\frac{a}{x}=\frac{V}{\delta a^2}$

代入（15）得 $x=\frac{\delta a^3}{V}=\frac{2}{\delta}=\frac{1}{1+\sqrt{2}}$

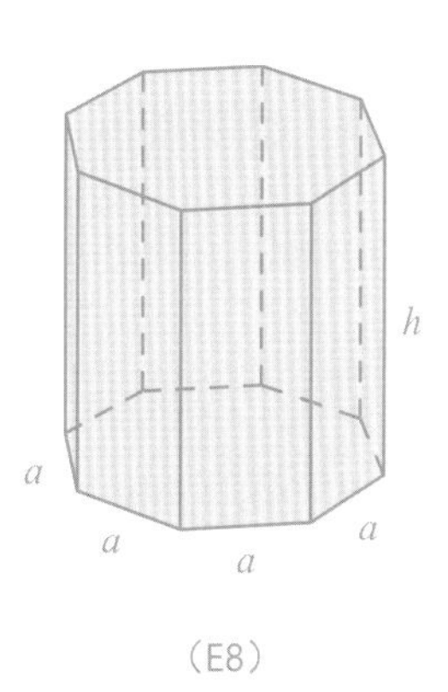

（E8）

故最优高度为:$h=\frac{\delta}{2}a=\left(1+\sqrt{2}\right)a$ （16）

(ii)求正八棱柱的表面积效率:

当(16),$k_{E8}=\frac{V}{S}=\frac{\delta a^2 h}{2\delta a^2+8ah}=\frac{\delta^2 a^3}{4\delta a^2+8a^2\delta}=\frac{a\delta}{12}$

$k_{E8}=\frac{a\left(1+\sqrt{2}\right)}{6}$

对于确定的参照体积 $V=1=\frac{1}{2}\delta^2 a^3$

得 $a=\sqrt[3]{\frac{2}{\delta^2}}=\sqrt[3]{\frac{1}{2\left(1+\sqrt{2}\right)^2}}$,故 $k_{E8}=\left(1+\sqrt{2}\right)\frac{\sqrt[3]{\frac{1}{2\left(1+\sqrt{2}\right)^2}}}{6}\approx 0.1775$

故正八棱柱的最优表面积效率为:$\gamma_{E8}=\frac{k_{E8}}{k_{球体}}\approx 85.8\%$

圆柱体(Cylinder，简写为C)

体积:$V=\pi r^2 h \rightarrow h=\frac{V}{\pi r^2}$ （17）

表面积:$S=2\pi r^2+2\pi rh$ （18）

将(17)代入(18):$S(r)=2\pi r^2+2\frac{V}{r}$

(i)求预定体积下,能实现最小表面积的最优高度:

$S_v'(r)=4\pi r-\frac{2V}{r^2}=0$

$\Leftrightarrow 2\pi r=\frac{V}{r^2}$

$r^3=\frac{V}{2\pi}$ （19）

显然,该二阶导数为正,故此为最小值。

令 $x=\frac{r}{h}$,那么,由于(17), $h=\frac{r}{x}=\frac{V}{\pi r^2}$

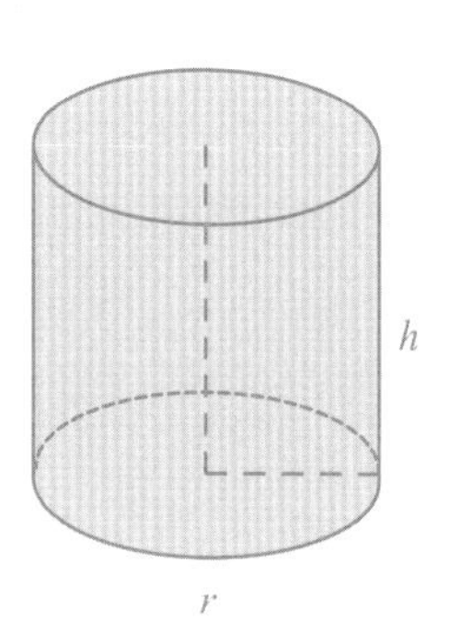

代入(19)得 $x=\frac{r^3\pi}{V}=\frac{1}{2}$

故最优高度为底面圆半径的两倍。

(ii)求圆柱体的表面积效率:

$k_C=\frac{V}{S}=\frac{\pi r^2 h}{2\pi\left(r^2+rh\right)}$ 当 $h=2r$

$k_C=\frac{2\pi r^3}{6\pi r^2}=\frac{r}{3}$

对于确定的参照体积 $V=1=2\pi r^3$

得 $r^3=\frac{1}{2\pi}$,故 $k_C=\frac{1}{3}\sqrt[3]{\frac{1}{2\pi}}$

故圆柱体的最优表面积效率为:$\gamma_C=\frac{k_C}{k_{球体}}=\sqrt[3]{\frac{2}{3}}\approx 87.36\%$

不倒翁的原理

不倒翁通常有一个圆形底部，重心极低。每次姿态的变化都会导致重心上升，使不倒翁因重力自行恢复直立。如果不倒翁的底部为半球形，则它的重心必须位于球心的下方。

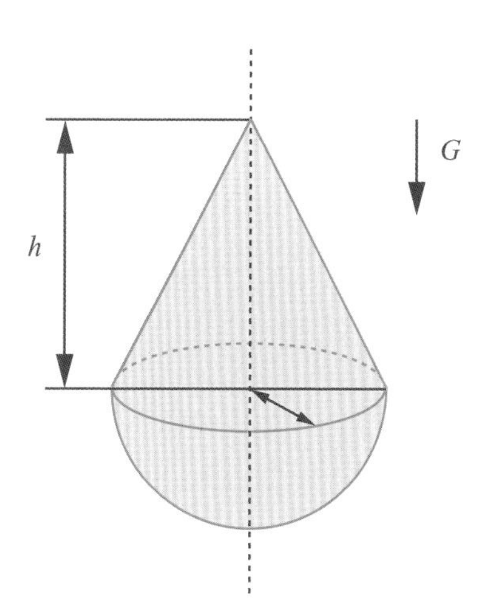

名词解释

ABS

ABS 指丙烯腈（A）、丁二烯（B）和苯乙烯（S），是一种三元共聚物。该合成材料由三种不同单体构成，属于无定形热塑性塑料。ABS 合成材料可通过接枝聚合或混合成品聚合物制成，具有表面硬度强、抗冲击性较好及表面易被金属或聚合物涂覆等特性。

安格泡（Anglepoise）

“Anglepoise task light 1933/34”是由英国汽车工程师乔治·卡沃丁（George Carwadine，1887—1948）于 1930 年左右设计的一款工作灯。工业设计师的这款产品，让弹簧灯变得流行起来，使用时，灯的照明方向可任意改变。为了设计用于工作区的照明灯，设计师从人类手臂上汲取灵感，发明了一种新的结构：他将灯罩固定在灵活的、可调整方向的长臂上，关节处的弹簧通过牵引力和反作用力之间的相互作用来平衡台灯。“Anglepoise”一词源自“angle”（角度）和“poise”（平衡），它是如今被复制最多的工作灯，也是工业设计的经典作品之一。

装饰艺术运动（Art Deco）

装饰艺术运动（源于法语“l’art écoratif”，即“decorative art”）出现在 20 世纪 20 年代至 40 年代之间，是涉及建筑、海报艺术、摄影、日常物品工业设计等领域的一种艺术风格。装饰艺术运动是新艺术运动的一种延伸，其虽保留了后者的形式主义特点，但同时也提出了面向新机器时代的新工业设计理念。抽象而精美的造型、强烈的装饰性风格、对称性，以及对名贵木材、象牙、铬和水晶等昂贵材料的使用，是装饰艺术形式的重要特点；尤其在珠宝和家具设计中，常加入昂贵材料作为少量点缀。其简约风格也影响了工业设计和较低品质大众产品的生产制造，如家用电器和时尚配件。装饰艺术运动的名称来源于 1925 年在巴黎举办的“装饰艺术展览”，20 世纪 60 年代开始广泛使用该名称。

新艺术运动（Art Nouveau）

新艺术运动是一场发生在 19 世纪末 20 世纪初的设计运动。这场特殊的艺术运动又名现代风格、现代主义、自由风格、改革风格或维也纳分离风格。俄国称这场运动为“现代风格”（Stil Modern）；法语国家则取名为“世纪末”（Fin de siècle）；在德语国家、荷兰和北欧国家，人们称之为“青年风格”（Jugendstil），该名称取自慕尼黑的一本插图杂志《青年杂志》，“青年风格”是现代艺术史上对这场运动相对不偏不倚的一种称呼。1901 年，“青年风格”或“分离风格”作为描述现代流行的重要标签，首次被一些德国杂志提出，如赫尔曼·穆特修斯（Hermann Muthesius）和朱利斯·迈耶－格拉斐（Julius Meier-Graefe）供稿的《装饰艺术》。杂志的作者们认为这是一种新形式的漫画艺术，由亨利·范·德费尔德（Henry van de Velde）一类的艺术家成就，模仿这些艺术家作品的漫画则以一种廉价的工艺大规模生产。在装饰上突出曲线、花卉图案和非对称性是新艺术运动的主要特征。不过，即便如此划分，新艺术运动也不具有某种统一的艺术风格，它是一场跨地域的艺术运动。新艺术运动席卷了整个欧洲，然而在不同地区体现出的风格却截然不同。但至少能确定的是，它们都放弃了历史主义，对当时模仿传统形式的普遍做法予以拒绝。

许多艺术作品及艺术宣言都与新艺术运动有关，如今，它也代表着一种综合艺术概念，例如布鲁塞尔的斯托克莱公馆（Palais Stoclet），其建筑外观与内部艺术装饰有机地融为一体。新艺术运动源于人们对艺术与生活融合的长期追求。对日常物品的艺术再创造，意味着将艺术重新融入日常生活，这赋予了装饰艺术更加重要的地位。在这一点上，新艺术运动延续了历史主义早先提出的“综合艺术”（Gesamtkunstwerk）这一概念。这是一场在艺术领域内掀起的反超然和反孤傲艺术品的运动。功能与功能的表达也是新艺术运动的一部分，如建筑的功能须通过建筑外观设计展现。对称和轴向分布不再是必需的，外墙应更多地遵循空间布局的概念。对大多数新艺术运动的艺术家们而言，关键在于放弃传统的构成形式，并搜寻新的方式来进行设计、建筑、艺术和手工艺创作。他们进一步延续了 19 世纪的重要争论，即“什么是现代风格？我们这个时代的风格是什么？”。

工艺美术运动（Arts and Crafts Movement）

工艺美术运动是一场起源于英国的设计改良运动，是对当时工业化及机械化带来的“无灵魂”产品的反思。这场运动提倡朴素、实用的工业设计形式，同时也推崇自然主义，强调手工品质之美。工艺美术运动始于19世纪中期，约翰·拉斯金（John Ruskin）为这场运动的理论指导者，威廉·莫里斯（William Morris）为运动的主要人物。他们希望按照中世纪行会的形式将手工艺品集合起来；他们批判产品个性及传统技术的丧失，同时也谴责工厂对工人的奴役。这场受到社会广泛支持的运动曾多次举办盛大的展览，并在1870年至1920年间迎来运动的高潮。工艺美术运动所带来的社会知觉及审美，为现代工业设计打下了基础，也促进了新艺术运动、包豪斯运动（Bauhaus）等其他艺术运动的发展。

平庸设计（Banal Design）

“平庸设计”一词用于批判过度设计，工业设计师、建筑师亚历山德罗·门迪尼（Alessandro Mendini）用这个词来告诫日常用品的工业设计师们，普通商品须重视工业设计，并赋予琐碎的事物以高雅文化。日常生活中的物品，如衣夹、熨斗、地毯清洁器，大多带有装饰元素，这些元素或分散或集中。1980年，门迪尼与保罗·纳沃尼（Paolo Navone）、佛朗哥·拉吉（Franco Raggi）和丹妮拉·普帕（Daniela Puppa）共同组织了威尼斯双年展，主题为“平庸之物”（L’Ogetto Banale）。除此之外，“平庸设计”亦用于指代那些无法满足消费者需求的大众消费品。

包豪斯（Bauhaus）

沃尔特·格罗皮乌斯（Walter Gropius）于1919年在德国魏玛创立了一所新式学校——包豪斯艺术学校。学校于1925年迁至德绍，并于1932年迁至柏林；1933年，在纳粹的统治下，学校被迫关闭。包豪斯尝试在教育中将艺术与手工艺相结合，将文科课程与应用艺术相结合。包豪斯的老师均是当时最杰出的艺术家，他们为建筑科学、新的教育理念和工业设计审美范式奠定了基础。学校关闭后，许多艺术家移居到了美国、英国、法国和俄罗斯。包豪斯对艺术、建筑和设计产生了深远的影响，并一直延续至今。直到现在，包豪斯依然是工业设计领域实用、智慧的代名词。

仿生学（Bionics）

仿生学是一门研究自然的学科，它的原理及方法是基于自然与技术的结合，将来自自然的灵感转变成可用之物。它是自然科学与工程学、建筑学、哲学以及工业设计相结合的交叉学科。“仿生学”这一术语，是1960年由美国空军少校杰克·E.斯蒂尔（Jack E. Steele）在俄亥俄州代顿的一次会议上首次提出的。“bionics”由“biology”（生物学）的前音节和“technics”（技术）的后音节组成。仿生学绝不仅是模仿自然，其灵感虽来源于自然生态系统的构造及进化原理，但设计者需要将这些发现转变为实际的技术应用。借此，工业设计师可以用更少的材料和能源消耗，开发出更加智能化的产品。

计算机辅助设计（Computer Aided Design，缩写为CAD）

计算机辅助设计最初是指技术图纸绘制过程中，有计算机参与辅助。CAD代替了传统的画板绘图，使施工图纸能以二维平面图的形式呈现在显示器上，或打印在纸张上查看。如今，产品设计可以利用CAD制作三维模型，该虚拟模型可移动查看，从中还能创建并导出二维图纸。CAD程序可通过计算机直接控制生产设备。

企业形象（Corporate Identity，缩写为CI）

企业形象是市场营销中的一个重要术语：公司将如何展现自己并受到消费者青睐？企业形象由企业视觉呈现、企业传播和企业行为相互作用而成。这个概念假定企业像人一样具有个性和身份。如果视觉呈现与行为方式符合一致，那么企业就会逐渐发展出自己独有的“个性”。企业形象包括视觉识别（企业设计），对公众、消费者、供应商和员工的行为（企业行为），内部和外部交流（企业传播），企业的哲学和文化（企业哲学、企业文化），以及企业的特定语言（企业语言）。工业设计可以支撑企业形象，比如，当它被用于展现公司指导方针时。

设计（Design）

最初“设计”一词是指绘制草图、制作效果图。设计是一个过程，在此过程中，人们通过设计行为创造物品，并使其具备一定的使用价值。设计师乐于以某种方式影响并改造世界。如今，“设计”一词指的是产品从计划阶段到设计落地这一完整的工业生产过程，更确切地说，这一过程应称为“产品设计”或“工业设计”。工业设计是一个创作的过程，在这个过程中，产品被赋予了外观形态。设计时，工业设计师需要综合考虑客户（产品开发方，生产或售卖方）及实际用户的需求，包括美学、实用、生产、成本等问题。设计得到的成品与其过程一样，也可以被称为“设计”。“design”一词源自拉丁文“designare”，意为描绘轮廓、形状。

草图（Draft）

草图阶段是分析、创造并解决问题的阶段；草图是一种解决复杂情况的思维策略。在艺术与工业设计领域中，草图是一项关键流程，旨在为后期项目开发做详尽的准备。在工业设计中，草图是产品实现的基础。设计从灵感开始。随着它落到纸上，塑成模型，经过加工处理，最终实现或就此废弃，灵感会变得越来越具体。草图就是对预期目标的图文表述，这个词最初是一种比喻，表示画素描或绘图。

人机工程学（Ergonomics）

人机工程学（工作条件的合理性）是一门学科，研究工作中的人，并致力于改进工作条件以使其适应人们的需求。它的关注点包括工作空间（办公室、工厂、住所）的人性化设计，也包括对任意机器设备和工具（汽车、电脑、手机等）的改善，提高其在工作中的易用性及舒适度。符合人机工程学的产品设计，使得产品更易上手且更安全；它确保了工人的工作效率及健康状况，为高效、准确的工作表现创造了条件，同时提升了人们的生活质量。

形式（Form）

“形式”指事物的外表，是物体视觉、美学及象征性符号的载体。与其对应的是实用功能，如是否符合人机工程学，是否具备操作性和安全性。工业设计始终在形式与功能之间寻求平衡，形成一个不可分割的整体。根据项目需求、时代潮流，以及设计师的设计动机和方法，功能和形式高于一切；其中，包豪斯、乌尔姆设计学院（Ulm）认为“功能决定形式”，孟菲斯工作室（Memphis）则认为“形式超越功能”。“形式追随功能”这一设计理念多年来一直是默认准则，但20世纪70年代开始出现松动。当时，相关理念朝“形式追随乐趣”“形式追随情感”或“形式追随故事”等方面进行转变。

功能主义（Functionalism）

功能主义，意味着设计以建筑或产品的实用目的为导向，美学则退居实用性之后。这个词在20世纪初出现在现代建筑或工业设计领域中。路易斯·沙利文（Louis Henry Sullivan）提出的“形式追随功能”成了当时公认的准则，其背后的想法在于，建筑及设计的美可以在功能中展现。从那时起，反抗历史主义的运动蓬勃发展起来，运动倾向于理性的风格，强调目的及结构本身，提倡几何造型，棱角分明。第二次世界大战之后，功能主义在德国达到高峰，并在工业设计领域流行，直至20世纪80年代。乌尔姆设计学院及博朗（Braun）首席设计师迪特·拉姆斯（Dieter Rams）的设计作品均以功能性、实用性为主。

触觉（Haptic）

触觉设计是一个基于触觉感受的课题，触觉在工业设计中扮演着仅次于操作方式和人机工程学的重要角色。例如，为了使用者能获得愉快且安全的剃须体验，博朗为其剃须刀手柄开发了一种特殊的合成材料。在观察产品特征时，触觉与视觉、听觉、嗅觉同样重要。我们可对产品设计做出如下评价：光滑的表面使产品看上去略显“高冷”，粗糙的材质使产品看起来锋利易碎。

良品率（Health Rate）

在质量检测中，“良品率”描述了无缺陷产品数量和产品总数量的比值。该比值显示出生产时出现了多少错误。举例来说，如果10个产品中，有1个是缺陷产品，则该批次产品的良品率为90%。

工业设计，产品设计（Industrial Design, Product Design）

工业设计或产品设计是一个统称，指对工业化生产的一系列产品进行规划和设计。工业设计师创造的并非个人化的、独一无二的物品，而是能够进行批量生产的产品。大部分情况下，设计师需要按照客户的需求进行设计，并研究机械化生产的可能；客户的预期也非常重要。工业设计所涉及的领域包括艺术、工程学、人机工程学和市场营销。

界面设计（Interface Design）

界面设计是一门学科，致力于研究人机之间信息的交流传递以及交互界面的可视化。界面设计研究人机交互的条件、目的和障碍，并优化操作界面，使用户能够以最优的方式和步骤享用数字设备及服务。界面设计师的工作与交互设计师有所重叠，后者研究产品使用场景。界面设计所涉及的领域包括网络传播、软件、网页和产品设计。

室内设计（Interior Design）

室内设计是建筑学的一个分支，主要是对居住和工作空间进行装修、家具陈列及装饰美化。家居质量和居住感受与技术和功能等方面一样重要。工业设计师始终需要考虑产品批量生产的可能性，与之相比，室内设计师则更多专注于个案设计，提供个性化的定制方案。

小批量生产（Low Volume Production）

产品的少量制造即为小批量生产或小规模生产，产量在 3 件到 100 件之间。相比大规模工业生产，小批量生产的产品数量少且市场规模很小，成本更高。工业设计和手工艺行业都能见到小批量生产。即使是“限量版”，其数量也比小规模生产要大得多。

微建筑（Microarchitecture）

微建筑是指桌面产品设计中，由建筑形式语言发展而来的小物件。这些桌面摆件戏仿了建筑的比例和尺寸，以及柱子和山墙等建筑细节。阿尔贝托・阿莱西（Alberto Alessi）于 1979 年设立了“茶与咖啡广场”项目，开创了建筑和产品设计融合的先河。他邀请了

11 位建筑师，让他们设计茶具与咖啡具，要求可如建筑般陈列在托盘（即“广场”）上。

极简艺术，极简主义（Minimal Art, Minimalism）

极简艺术起源于 20 世纪 60 年代的美国，是现代艺术中向抽象发展的一种趋势；艺术家倾向于将形式简化至基本结构。清晰的几何图形、连续重复的图样、工业成品（瓷砖、氖管、钢架）的使用、去个人化和客观化的趋势，是极简艺术的特征。艺术家们拒绝使用装饰配件，并将形式语言简化至基本结构。他们的作品层次清晰，能够将观看者的注意力聚焦于功能方面。20 世纪 80 年代，在工业设计和建筑行业中，极简主义以其“少即是多”的理念获得了广泛认可，建筑物和物体被简化至基本要素，简单、清晰，且通常为几何结构。

模型制作（Modelmaking）

模型制作是指将一个实际的或规划中的项目以实物模型呈现出来。模型缩放至较小的尺寸，简化但相当逼真，还可用于制作阴模。针对功能件、工具的创造和测试，或模型展示等不同目的，可以选择不同的模型制作方法，如立体光刻、多喷建模成型和选择性激光处理。

多喷建模成型（Multi-Jet Modelling，缩写为 MJM）

多喷建模成型是快速成型领域中的一种制造工艺。当前，CAD 数据可直接应用于工件生产，无须人工干预。其化学过程与立体光刻相似，所用材料是对紫外线敏感的光聚合物。这种模型通过喷嘴喷射成型，原理类似喷墨打印机。

无设计（No-Design）

20 世纪 80 年代，工业设计师贾斯珀·莫里森（Jasper Morrison）首次使用“无设计”一词。无设计产品的诞生，经过了复杂的设计过程，但却深藏功与名。它们多为实用且朴素的物件，看起来亲切而不可缺少，但在使用时很少能被辨别出其“无设计”的内涵。极简设计，如贾斯珀·莫里森的“椅子（Chair）”、盟多（Mondo）制造的物件等，都是无设计的典范。

有时，日常使用的设计平庸的物件也被称为“无设计”。

原始设备制造商（Original Equipment Manufacturer，缩写为 OEM）

原始设备制造商生产的产品或产品部件，可能由其他公司进行转售。制造商自行生产产品或部件，但不会贴上自己的商标出售。这些产品将被归置到客户的品牌下，推向市场。

有机设计（Organic Design）

有机设计是工业设计的一种风格，设计师从自然界获取灵感，创作出有机的、流线的形态。波浪线、动态曲线和夸张的曲面，与充斥着几何与实用风格的功能主义形成了鲜明的对比。尝试从自然界的有机形态中获取灵感一直是工业设计的重要组成部分：1946 年，比亚乔（Piaggio）创造了具有流线型车身的韦士柏（Vespa）踏板车；1950 年，查尔斯·伊姆斯（Charles Eames）设计了以玻璃纤维制成的“壳体椅”（Dax）。20 世纪 70 年代是有机设计（特别是合成塑料家具）的黄金时期。2000 年以来，汽车的造型设计趋向于流线型，新出的迷你库珀（Mini Cooper）就是其中的代表之一。从设计稿来看，罗恩·阿拉德（Ron Arad）、卢吉·科拉尼（Luigi Colani）、马西默·尤萨·基尼（Massimo Iosa Ghini）、洛斯·拉古路夫（Ross Lovegrove）和菲利普·斯塔克（Philippe Starck）等工业设计师均深受有机设计的影响。

波普艺术（Pop Art）

波普艺术，也称为大众艺术，起源于 20 世纪 50 年代的英格兰和美国，并在 60 年代成为引领国际的艺术潮流。波普艺术家们将目光转向了更贴近社会大众的普通日常物件和消费品（广告、漫画、普通杂志），它们讽刺地指出了现代人的生活追求。波普艺术家们接过了达达主义的技巧和追求，认为艺术必须适应当下的社会环境。罗伊·利希滕斯坦（Roy Lichtenstein）、安迪·沃霍尔（Andy Warhol）和汤姆·韦塞尔曼（Tom Wesselmann）通过运用一系列广告影像的技术和效果，将大众传媒提升到了标志性的地位，极大地推动了这一趋势。波普艺术同样启发了工业设计。波普艺术的动机及其嬉戏的态度在德·帕斯（De

Pas）、迪毕诺（D'Urbino）和洛马齐（Lomazzi）的设计三人组及埃里奥·菲奥鲁奇（Elio Fiorucci）、彼德·默多克（Peter Murdoch）的作品中均有所呈现。

后现代主义（Postmodernism）

后现代主义主张多元化风格，与教条式的现代主义及其审美过程相距甚远。后现代主义允许不同形式和可能性平等共存。20世纪60年代，后现代主义开始在建筑领域产生影响，将传统形式（支柱、山墙）与现代形式结合起来，以一种有趣的方式赋予它们新生。80年代，新出现的外向型工业设计在形式和内容上都受益于后现代主义建筑。汉斯·霍莱因（Hans Hollein）、迈克尔·格雷夫斯（Michael Graves）和罗伯特·文丘里（Robert Venturi）等建筑师都曾在家具设计中尝试使用这种风格，这在意大利尤为盛行。许多建筑师和设计师聚集在“阿基米亚”（Alchimia）（1976—1981）和“孟菲斯”（Memphis）（1981—1988）等新兴工作室，展示他们的新项目。他们的作品借鉴了各个历史时期的文化风格、色彩、装饰及反功能的造型。

后期处理（Postprocessing）

后期处理是指在铸造、锻造、焊接等制造步骤后，使用喷砂、酸蚀或阳极氧化等化学或物理方式，对结果进行优化和完善的后处理。

原型（Prototype）

工程和工业设计中的原型（源于希腊语“prototypos”）是指新开发项目的测试模型，它的功能及外观与最终生产的部件或产品相同，或稍微简化。原型是工业设计中最重要的一个环节，因为它能对产品的功能及性能特点进行测试。在开始批量生产前，通常会以原型做最后的可行性测试。

聚氨酯（Polyurethane，缩写为 PU 或 PUR）

聚氨酯包括一系列合成材料，根据起始剂的不同，具备不同的性能。它们均由两种化学物质反应获得——高级醇（多元醇）和异氰酸酯。1937 年，通过多元醇与异氰酸酯进行加聚反应，人们首次制成聚氨酯。其通常用于制作泡沫塑料，如海绵、床垫或发泡塑料等，也可用于制造绝缘材料、涂料和黏合剂。由于品种、特性多样，聚氨酯是工业设计的理想材料。

聚氯乙烯（Polyvinylchloride，缩写为 PVC）

聚氯乙烯是一种合成材料，根据添加剂的不同拥有不同的弹性，因此，可通过调整添加剂得到适用于不同领域的材料。除韧性和弹性外，少量添加剂的改变还可以提升材料的耐光性、耐温性和耐候性。具备脆性和硬性的材料可用于管道、檐槽或坚硬的保护壳，较软的材料则可用于花园软管或塑胶地板。合成材料还可制成泡沫材料（软垫家具），或 PVC 糊树脂，用于涂覆纺织品（雨衣）。

再设计（Redesign）

再设计意味着对现有产品进行创造性的修改，以逐步提升其对于用户的实用价值。20 世纪 80 年代，"阿基米亚"设计集团使用再设计来批判功能主义的设计理念。除日常用品（平庸设计）外，意大利设计师们，如亚历山德罗·门迪尼，也会使用再设计的手法来戏仿著名作品。例如，门迪尼曾对现代工业设计的标志性作品"索耐特椅"（Thonet Chair）和马歇·布劳耶（Marcel Breuer）的"瓦西里椅"（Wassily Chair）进行再设计，对其饰以各种装饰性图案。

再版（Re-edition）

"再版"一词，尤其是在家具和纺织品设计中，意味着按原版对已有的工业设计产品进行再投资，它力求尽可能地接近原版。20 世纪 60 年代，许多公司会购买经典家具的再版版权，而原版则大部分陈列在博物馆或私人收藏中。1962 年，索耐特公司曾再版马歇·布劳耶的家具。其他制造商，如卡西纳（Cassina）、诺尔（Knoll）和扎诺塔（Zanotta），曾再版勒·柯布西耶（Le Corbusier）、查尔斯·雷尼·麦金托什（Charles

Rennie Mackintosh）、路德维希·密斯·凡·德·罗（Ludwig Mies van der Rohe）和朱塞普·特拉尼（Guiseppe Terragni）的作品。

选择性激光烧结（Selective-Laser-Sintering，缩写为 SLS）

选择性激光烧结工艺用于原型构建中模型及部件样本的制造，其结构逐层创建而成，采用的基础材料是由合成材料、沙子、金属或陶瓷制成的粉末。激光会遵循预先在 CAD 数据集中设定的轮廓。当激光将各层材料熔融或烧结到粉床上后，预设对象便会浮现。

立体光刻（Stereolithography，缩写为 STL 或 STA）

立体光刻是另一种基于计算机程序的快速成型（或快速制造）技术，可用于生产原型、模板或工业模型。在立体光刻技术中，光固化树脂（光敏树脂）在激光照射下聚合固化，由液态变为固态。根据 CAD 的模型数据，预设对象将逐层显现。

流线型（Streamline）

“流线型”一词出现在 20 世纪 20 年代的空气动力学领域，与火车、汽车和飞机的风阻检验相关。通过开发流线型车身，工程师们不断优化车辆的空气动力学性能。1930年以来，以美国尤甚，流线型被应用于建筑和工业设计领域，成为装饰艺术运动的一部分。流线型设计曾是速度和未来的代名词，它注重曲线、动态形式和延伸的水平线。第二次世界大战后，韦士柏踏板车便采用了流线型设计。在 20 世纪 80 年代后期，流线型成为一种流行的风格，在马西默·尤萨·基尼或马克·纽森（Marc Newson）的设计中均可见到。

桌面产品设计（Tabletop Design）

桌面产品设计是针对各种桌面配件的总称，除餐具、调味瓶外，还包括装饰摆件，如花瓶、台灯或烛台。瑞典的珂斯塔（Kosta Boda）、意大利的阿莱西（Alessi）和德国的福腾宝（WMF）均为专门从事桌面产品设计的制造商。

定制版（Unique Edition）

定制版指仅有一件的产品。与工业批量生产前的测试原型不同，定制版没有复制件，且多为手工制作。它们通常是手工制作的原件，专为个人定制，按照客户需求进行设计。与工业设计生产相比，定制版的生产几乎不考虑成本和技术条件。

目标群体（Target Group）

目标群体是一个拥有相同偏好的群体，卖方将其视为产品或服务的潜在客户（个人、公司等），每个广告都精准地指向他们。在目标群体分析的主题下，有许多探讨如何识别和建立目标人群的文献资料。

要点综述

灵感	创新 新鲜事物 必需品 可生产性 商业潜力
功能性	有效性 效率 实用性 将产品融入日常生活 物理人机工程学 心理人机工程学
美学	一致性 比例 网格布局 对称 明确 规律 色彩组合 材料组合 产品图形及版面设计 表面特征与触觉 真实性 生产质量
经济与生态	资源与材料选择 能源消耗与材料选择 应力、功能与材料选择 环境友好性与材料选择 几何形状与材料选择 静力学与材料效率 形状、材料与生产成本 装配与生产成本 良品率 可持续性与报废
市场营销	等效性和一致性 独立性 产品特质与企业形象保持一致 产品特质与功能保持一致 产品特质与目标群体保持一致 诉诸感情

【16项】

红点设计大奖 | 北威州设计中心
2014 supraGuide ECO | 2014 supraGuide MULTI | 2013 File/it | 2013 Milli | 2013 Locko
2012 IVDR Verbatim | 2012 USB Kingston | 2012 Square HDD | 2012 Mobile SQ
2012 Digipipe | 2012 Handycan | 2012 Loopo | 2012 Art Detector | 2010 Neolog OS
2009 Steward | 2006 Neolog A24 II

【3项】

红点至尊奖 | 北威州设计中心
2013 Zipper | 2010 USB-Clip | 2009 USB-Clip

【6项】

iF 设计奖 | iF 国际论坛设计
2014 supraGuide MULTI | 2013 Data Traveler | 2012 Hard SQ | 2011 Neolog OS
2011 Neolog OS Packaging | 2009 Neolog Europe Internetpräsenz

【2项】

iF 设计金奖 | iF 国际论坛设计
2012 Mobile SQ | 2012 Hard SQ

【2项】

日本优良设计奖 | 日本工业设计促进协会
2010 USB-Clip | 2006 Neolog A24 II

【11项】

美国优良设计奖丨芝加哥雅典娜建筑与设计博物馆
2012 Zipper | 2012 Locko | 2012 Freecom SQ Mobile Drive | 2011 Milli Motal and Pestle
2011 Loopo USB Flash | 2011 Timeout Glove | 2010 Neolog OS | 2010 USB-Clip
2009 NO K.O. | 2006 Cha Cha

【3项】

德国设计奖丨德国设计委员会
2014 Zipper | 2014 supraGuide ECO | 2013 USB-Clip

【11项】

德国设计奖（提名）丨德国设计委员会
2014 supraGuide MULTI | 2013 Loopo | 2013 Timeout Glove | 2013 Sq hard drive
2012 USB-Clip | 2011 NO K.O. | 2011 USB-Clip | 2011 Neolog Europe Internetpräsenz
2010 Neolog OS | 2009 Cha Cha | 2007 Neolog A-24 II

【2项】

Focus Open 丨巴登－符腾堡州国际设计奖
2011 Neolog OS | 2011 USB-Clip

图书在版编目（CIP）数据

工业设计360°完全解读 /（德）阿尔曼·埃马米（Arman Emami）著；李爽，武婷慧译. — 杭州：浙江大学出版社，2020.12
书名原文：360° Industrial Design
ISBN 978-7-308-20306-7

Ⅰ. ①工… Ⅱ. ①阿… ②李… ③武… Ⅲ. ①工业设计 Ⅳ. ①TB47

中国版本图书馆CIP数据核字（2020）第106424号

360° Industrial Design by Arman Emami.

978-3-7212-0915-0

工业设计360°完全解读

［德］阿尔曼·埃马米（Arman Emami） 著
李 爽 武婷慧 译

责任编辑 闻晓虹 罗人智
责任校对 萧 燕 杨利军
封面设计 程 晨
出版发行 浙江大学出版社
（杭州市天目山路148号 邮政编码 310007）
（网址：http://www.zjupress.com）
排　　版 杭州林智广告有限公司
印　　刷 浙江印刷集团有限公司
开　　本 787mm × 1092mm 1/12
印　　张 14.5
字　　数 170千
版 印 次 2020年12月第1版 2020年12月第1次印刷
书　　号 ISBN 978-7-308-20306-7
定　　价 128.00元